KB252587

위킹홀리데이 메이커를 위한 가이드북

뉴질랜드 농장 지침서

안광훈 송민수 _ 공저

도서출판 투어스21

송봉오, 백정순, 송해경, 송해영, 송남수, 홍탁선, 이승민, 아기천사(홍지민)을 사랑합니다.

송봉오, 백정순, 송해경, 송해영, 송남수, 홍탁선, 이승민, 아기천사(홍지민)을 사랑합니다.

발 간 에 즈 음 하 여

  지구상의 마지막 흑진주, 파라다이스 등 뉴질랜드를 일컫는 말들은 항상 극찬의 형용사들로 가득하다. 그러한 환상에 이끌려 뉴질랜드를 꿈꾸곤 한다. 인간은 누구나 현실과 환상사이에서 끊임없는 시도와 비행을 하는 존재이기 때문인지도 모른다. 사실 필자는 몇년전부터 순수한 자연의 나라인 뉴질랜드에 대해 관심과 원대한 꿈을 가지고 이민을 준비하고 있었다. 그 와중에 시중에 나와 있는 뉴질랜드 관련 책을 이것저것 접하게 되었다. 하지만 그들 책에 담긴 내용의 대부분이 카페나 블로그에 올려놓은 정보수집 정도에 그치는 수준이었고 필자가 찾고자 하는 전문적인 정보를 접하는 길이 몹시 어려움을 알게 되었다. 그래서 필자처럼 뉴질랜드에서 농장관련 일과 공부를 하거나 여행 혹은 이민을 가려는 사람들에게 뭔가 지침이 되었으면 하는 바람에서 이 책을 기획하게 되었다.

  이 책은 기존의 책들과는 달리, 특히 뉴질랜드에서 농장일을 하면서 여행을 하고 싶어하는 워킹 홀리데이 메이커들을 위해 만들어졌다. 전반적인 내용을 볼 때 기존의 어느 책도 이보다 더 깊이 있게 농장일에 관해 전문적으로 다룬책은 없다고 자부한다. 뉴질랜드 농장에서 일하기 위해 한국에서 출발준비부터 뉴질랜드에서 농장일, 여행 그리고 워킹 홀리데이 메이커들이 농장일을 직접 찾을 수 있도록 농장관련 잡리스트job list까지 이 책 한 권이면 충분히 가능하다고 확신한다. 비록 작은 관심이 빚어낸 이 책이 좋은 초석이 되어서 앞으로 더 나은 뉴질랜드 관련 정보서적이 나오길 기대해 본다.

"나의 새로운 도전은 끊임없이 계속 될 것이다."

인생의 새로운 지평에 선 2009년 11월
발행인 송 민 수

　뉴질랜드의 경제원동력은 농업과 원예업에 기반을 두고 있다. 이러한 산업에 기반을 둔 다양한 취업 기회를 안내하는 저서로는 이 책자가 최초이며 또한 최고의 수준이라 생각한다. 워킹홀리데이를 경험하기 위해서 혹은 농업 분야에의 장기적 기회 탐색을 위해서 뉴질랜드를 방문하고자 하는 한국인에게 엄청나게 강력한 "도구"가 될 것으로 보인다. 이 책은 뉴질랜드의 농업 분야, 임금 체계, 일자리 그리고 가능한 취업 형태 등을 소개하고 있다. 나아가 북섬과 남섬 전부를 아우르는 정보를 제공하는데, 특히 지역적 차이 및 특색 그리고 이용할 수 있는 다양한 기회를 설명하고 있다.

　뉴질랜드에서 서비스와 정보를 얻는 방법을 알려주는 이 책은 특히 경비 관리와 이민 및 행정 등록 절차에 관한 뉴질랜드 규정을 소개 하고 있다. 무엇보다도 체류하는 동안의 세금 문제와 귀국할 때의 세금 환불 문제를 다루는 법을 차근차근 알려준다. 본국에서도 쉽지 않은 이런 일들이 언어, 전문적 이해 부족 및 문화의 벽으로 인하여 자칫 혼란스럽고, 지루한 경험이 되거나 좌절을 맛보게 될 수도 있다. 다행히도 이 책이 명확한 틀과 정확한 정보를 제공하고 있기 때문에 독자들은 그런 일들을 쉽고 즐겁게 할 수 있을 것이다.

　어디서 머물고 그리고 어떻게 제한된 경비로 여행할 것인가를 다루고 있는 부분 또한 유용한 장으로 꼽을 수 있다. 호스텔과 모텔에서부터, 홈스테이, 배낭여행, 그리고 캠핑장 등 가능한 숙박 종류별로 상세하게 소개되어 있다. 여기에 중고차 구입, 관련 보험 및 필수 서류 등에 관한 유용한 조언과 제안이 덧붙여 있다. 이 책은 어디로 가면 뉴질랜드에서 가장 아름다운 곳을 볼 수 있는지, 학생 할인을 어떻게 받을 수 있는지를 비롯한 수많은 여행 "알짜 정보"와 함께 끝을 맺는다.

　이 책의 진정한 가치는 시도하고자 하는 뉴질랜드 취업 방문에 대해 독자가 철저

하게 조망할 수 있다는 것이다. 그것은 엄청난 자산일 수 있다.

개인적으로 이 책의 장점은 내용이 찾기 쉽게 편집되어 있고, 무엇보다 휴대용으로 만들어져 여행 전 기간 동안 가지고 다닐 수 있는 점이라고 생각한다. 뉴질랜드 워킹홀리데이를 계획할 때 어디를 가고 무엇을 할 것인가를 구체적으로 알고 싶을 때 이 책은 최상의 출발점이 될 것이다. 뉴질랜드 사람이나 업체와 접촉할 수 있는 연락처가 방대하고 또한 자세하게 독자에게 소개하고 있어 필요시 따로 알아볼 것 없이 전화기만 들면 연락할 수 있다.

나는 뉴질랜드의 잘 알려진 곳에 한정하지 않고, 색다른 곳을 방문하고 싶어 하는 한국인들에게 이 책을 추천하고 싶다. 정보가 제한되어 있고 상황이 불투명한 때에도 위험을 헤쳐 나오는 지침을 제공하고 있어 이 책은 학생들에게 신나는 모험의 이상적인 동반자가 될 것이다.

내가 알기로는 뉴질랜드 농업 분야에 관해 이처럼 상세하고 전문적인 초점을 갖춘 책은 영어로나 한국어로나 이제껏 없으며 이 책이 제공하는 정보의 양과 질 그리고 소개하는 깔끔한 방식에 대해 저자에게 만점을 주고자 한다.

이 책을 통독할 기회를 갖게 된 점을 기쁘게 여기며 이 책이 보여주는 정보의 가치에 깜짝 놀라곤 했다는 것을 다시 한 번 말하고 싶다.

루커스 비치 **Lukas Beech**
주한 뉴질랜드 상공회의소 서기관, 한국 서울 맥킨니 컨설팅사, 컨설턴트

루커스 비치 씨는 2005년부터 한국 주한 뉴질랜드 상공회의소에서 서기관으로일하고 있으며 한국과 아시아에서 사업하는 국제 업체에 대한 인사 및 집행부 선임 업무 등을 전문으로 하고 있다.

From_ Lukas Beech

This excellent guide on the diverse working opportunities in New Zealand's agricultural and horticultural industries is the first of its kind and a tremendously powerful tool for any Korean speakers who wish to visit New Zealand either for a working-holiday experience or in search of longer-term opportunities in the farming sector. The book introduces the farming sectors in New Zealand, the standard salary rates, working locations and types of work available. It goes on to address the regional differences and specialties both in the North Island and the South Island and the diversity of opportunities on offer.

In addition to the coverage of service and information providers in New Zealand, one of the essential elements is the books guide to managing money and New Zealand's regulatory requirements for immigration, registration with the authorities. Most importantly, it shows a step by step process of how to handle taxation and tax rebates upon leaving the country. This can be a confusing, boring and frustrating experience which can be compounded by language, comprehension and cultural challenges. Fortunately this guide's clear layout and the value of the information it provides will offer its users the essential information for an easy and enjoyable experience.

Another useful chapter covers the question of where to stay and how to get around on a limited budget. There is extensive detail about the types of accommodation available, ranging from hostels and motels, to home-stays, back-packers and camping grounds etc. Furthermore, there are useful tips and suggestions for the purchase of a used car, its insurances and required documents. The book concludes with travel information and useful suggestions about where to find New Zealand's most beautiful locations, how to get discounts for students and numerous other "trade secrets". The real value of this publication is the fact that the user gets an end-to-end overview of their prospective working visit to New Zealand. It can be a tremendous asset.

I like the way that the information is presented, in an easy to navigate layout that is published in a rucksack-proof format, so you can take it with you for the entire trip. It's an excellent starting point when planning a working holiday in New Zealand and trying to decide where to go and what to do. The choice of contacts is extensive and personal enough that you can just pick up the phone without needing to do additional research.

I recommend this book to any Korean speakers who don't just want to limit themselves to the well-known locations of New Zealand, but wish for a much wider choice. For students this book is an ideal companion to an exciting adventure while providing a survival guide at times when information is limited or situations are unclear. There is nothing comparable in either English or Korean that I am aware of with such a detailed and specific focus on New Zealand's farming sector and I give the author full marks for the amount of valuable information that he has collated and presented in a very nice way. I'm happy that I've had a chance to read through it and was astonished at the value of its information.

Lukas Beech

Consultant. McKinney Consulting Inc, Seoul South Korea

Lukas Beech has been in Korea since 2005 and specializes in provided human resource and executive search solutions to the international business that have operations in Korea and Asia.

영원한 젊음의 에너지, 뉴질랜드

작년 퓨처 브랜드Future Brand사가 조사한 국가브랜드 순위 중 진정성Authenticity면에서 뉴질랜드가1위를 차지한 바 있다. 이는 뉴질랜드관광청에서 10년간 펼쳐오고 있는 100% Pure New Zealand 라는 캠페인의 메세지이기도 하다. 워킹홀리데이를 준비하는 여러분들 또한 뉴질랜드의 깨끗한 자연환경, 이곳에 사는 사람들, 뉴질랜드라는 국가에서 보고 느끼는 모든 경험들, 그것들이 곧 '진짜'임을 알 게 될 것이라 생각한다.

전세계 관광객들을 상대로 설문 조사한 바에 의하면 뉴질랜드를 찾는 주된 이유를 바로 "자연"으로 꼽는다. 영화 '반지의 제왕'을 기억하는 사람이라면 누구나 태고적 자연을 쉽게 연상하듯이 뉴질랜드에는 영화 속 그대로의 배경들을 직접 눈으로 확인할 수 있는 곳들이 많다. 여러분들 또한 바로 그 '자연'속에서 땀흘리는 노동과 뉴질랜드 키위들의 따뜻한 환대를 경험하게 될 것임을 믿어 의심치 않는다. 신기하게도 남섬, 북섬이 각기 다른 자연환경을 가지고 있고 마오리 문화를 포함한 다양한 문화가 어울려져 있어 미처 알지 못한 뉴질랜드의 매력을 발견할 수 도 있다. 뉴질랜드가 '지구상에서 가장 어린 나라'인 만큼 아직도 새롭고 손대지 않은 아름다움이 많다.

덕분에 뉴질랜드는 농축산업과 관광산업이 잘 발달되어 있어 워킹홀리데이어들이 일할 수 있는 좋은 기회가 많다. 영어권 국가에다가 천혜의 자연환경은 땀흘려 번 돈으로 여행할 수 있는 최고의 장소들을 제공해준다.

　　지난 번 출장 때 갔던 퀸스타운Queenstown은 주민 10명의 1명은 관광업에 종사할 만큼 남섬의 대표적인 관광지역인데, 밀포드 사운드를 가려는 중간경유지로도 많이 찾는 곳이다. 밀포드 사운드를 즐기는 여러 방법들 중 한국 관광객들이 가장 많이 찾는 크루즈 투어에서는 기내 마이크를 통해 다양한 언어로 관광지를 설명해주는 데 그곳에 한국인 직원이 있다. 내가 만난 그 앳된 청년은 워킹홀리데이로 3개월 남짓 일하고 있었던 친구. 남섬 끝자락에 까지 한국인 워킹홀리데이어가 있다는 사실도 놀라웠지만, 열심히 일하고 있는 모습을 보니 기특하기도 하고 자랑스럽기까지 했다.　여러분들 중 또 어느 누가 나와 만날 수 있을 지도 모른다고 생각하니 괜시리 설레인다.

　　상대적으로 뉴질랜드 워킹홀리데이에 관한 지침서가 없어서 안타까워하고 있었던 참에 이렇게 좋은 가이드 북이 출간된다는 소식을 들어 기쁘다. 시작이 반인 것처럼 이 책이 여러분들의 출발에 훌륭한 지침서가 되어 주길 바라며 뉴질랜드로의 떠남이 여러분들의 인생의 새로운 에너지가 되어줄 것이라고 믿는다.

권희정
뉴질랜드관광청 한국 지사장

아름다운 뉴질랜드를 방문해주세요.

뉴질랜드를 소개하게 되어서 너무 기쁩니다.

사우스웨스트랜드South – Westland에 있는 피오르드와 깎아지른 듯 한 산, 센트럴플래토우the central plateau: 중앙고원에 있는 웅대한 화산부터 뉴질랜드의 자이언트 카우리 포레스트the giant Kauri forests, 고래, 돌고래, 카이코우라 해변the Kaikoura coast의 바다표범까지 정말 볼거리가 많습니다.

마래marae에 방문하여 마오리족의 역사와 전통을 배우고, 청정한 계곡에서 낚시를 하거나, 웰링턴의 카페Wellington's cafe에서 시음을 할 수도 있으며, 자연 그대로의 해변에서 쉴 수도 있고, 2011년 럭비 월드컵을 직접 볼 수 있는 등 놀거리 또한 많습니다. 세계 최고 수준의 요리사들이 만드는 가장 신선한 음식과 뉴질랜드 대부분의 지방에서 생산되는 고급스럽고 다양한 와인 등 먹거리도 많습니다. 또한 제트 보트를 하거나, 번지 점프를 하는 것부터 400개의 골프코스 중 한 곳에서 골프를 즐기거나, 아름다운 시골풍경을 보면서 자전거를 타는 것까지 스릴을 즐길 수 있는 곳이 많습니다.

100% 의 뉴질랜드 체험The 100% pure New Zealand experience은 정말로 다른 곳에서 느낄 수 없는 독특한 것입니다. 뉴질랜드 워킹홀리데이 프로그램은 한국 학생들에게 인기가 있습니다. 매년 1800여명의 젊은 학생들이 이 프로그램을 이용하고 있습니다. 매년 18살에서 30살 사이의 젊은이들이 뉴질랜드에서 일하고, 뉴질랜드를 여행할 수 있는 기회를 갖는 다는 것을 말합니다.

저는 여러분들께서 뉴질랜드에 오시기를 바랍니다. 우리는 당신은 물론이며, 당신의 가족, 친구들이 우리의 고향에 방문하는 것을 진심으로 환영합니다.

항상 행운이 가득하길

Melissa Lee MP

From Melissa Lee MP

Visit beautiful New Zealand.

It's my great pleasure to invite you to visit New Zealand.

There is so much to see — from the soaring mountains and fjords of South-Westland, and the mighty volcanoes of the central plateau, to the giant Kauri forests of Northland, and the whales, dolphins, and seals of the Kaikoura coast. There is so much to do — visiting a marae and learning about Maori history and traditions, fishing in a pristine mountain stream, sampling Wellington's cafes, relaxing on an untouched beach, or visiting for the 2011 Rugby World Cup. There is so much to taste — some of the best fresh food in the world served by top-class chefs, and an array of sumptuous wines from almost every corner of the country. And there are so many ways to get a thrill — from jet boating and bungy jumping, to cycling through our beautiful countryside and playing golf on one of our 400 golf courses.

The 100% pure New Zealand experience is truly one of a kind. Our Working Holiday Visa for South Korean students has been popular. Every year, 1800 young Koreans are eligible. It means those between the age of 18 and 30 have an opportunity to travel and work in New Zealand for one year.

I hope you will visit New Zealand. We would love to welcome you and your family and friends to my home.

Best wishes,

Melissa Lee MP

멜리사 리 (Melissa Lee) 국회의원 약력

목표 최선을 다하자 "To be the best that I can be"

경력 2008- 현재 뉴질랜드 국회위원
2004-2008 뉴질랜드 오클랜드 소재 프로덕션 회사 아시아 비전 (Asia Vision
Ltd.)의 프로듀서 TV프로그램 '아시아 다운언더(Asia Down Under)' 진행자
2007-2008 오클랜드 기술 대학
(Auckland University of Technology"AUT UNIVERSITY) 저널리즘 강사
1996-2004 아시아 비전의 협력 프로듀서(Associate Producer), 진행자, 선임기자
1996- 현재
아시아 비전의 경영책임자(Managing Director)로서 재무, HR, 스케줄링, 홍보담당
및 사내 다국적 인재들의 대변인(the voice of reason)으로서의 역할
1994-1996 뉴질랜드 방송국 'TVNZ'앵커 / 리포터
1989-1994 뉴질랜드 신문사 '뉴스미디어 오클랜드(Newsmedia Auckland) ' 와
'선데이 뉴스 (Sunday News)'기자, 뉴질랜드 헤럴드(the NZ Herald), 뉴 아이디어
(New Idea), 더 리스너(the Listener)의 프리랜서 기자

학력 2002-2006
오클랜드 기술대학(Auckland University of Technology:AUT University)
커뮤니케이션 전공 우등석사학위
1986-1988
호주 디킨 대학 (Deakin University) 홍보커뮤니케이션학 전공

**기타
활동**

아시아태평양 프로듀서 네트워크(Aisa-Pacific Producers Network:APN) 이사회
(2007)
아시아태평양 프로듀서 네트워크 창립위원 (2006)
재외동포재단(Overseas Korean Foundation) 차세대 지도자 정치인 그룹 대표
오클랜드 경찰 아시아 자문위원단
오클랜드 기술 대학 저널리즘 산업 자문위원회
(AUT Journalism Industry Advisory Committee)
INKE (International Network of Korean Entrepreneurs) New Zealand
NUAC (National Unification Advisory Council –headed by the President of
the Republic of Korea)
재 뉴질랜드 한국여성회 부회장 역임
Women in Film and Television 회원
Writers Guild 회원
Screen Production and Development Association (SPADA) 회원

Thanks to_

뉴질랜드 농장 이야기 카페 회원님들의 도움과 소중한 정보의 공유가 없었다면 이 책을 완성하지 못했을 것이다. 뉴질랜드 농장 경험과 수많은 외국 친구들을 만나면서 겪었던 크고 작은 일들을 떠올리며 하나부터 열까지 좋은 정보만을 제공하기 위해서 밤낮을 잊으며 준비했다. 비록 부족한 점들이 많지만 이 책이 뉴질랜드 워킹홀리데이를 준비하는 이들에게 조금이나마 도움이 될 수 있는 농장 지침서가 되었으면 하는 바람이다. 농장이야기 카페 회원님들을 비롯하여 이 책을 완성하기까지 함께 기획하고 도와주신 모든 분들께 진심으로 감사드립니다. 특히 카페를 운영하면서 힘이 되어준 뉴질랜드 농장 이야기 운영자 허선우, 임미선님, 농장 체험기의 주인공 이정애, 김행기, ksida, 정현수, 윤이랑, 김형진님 마지막으로 곁에서 많은 격려의 말씀을 해주신 전주현, 이승환, 김휘경, 한영애, 변영, 이영, Mei, Clara, 배대호님, 사랑하는 부모님과 여동생에게 감사드립니다.

저자 _ 안광훈

이 책에 남다른 관심을 보여준 친구이자 Kiwi Chamber의 서기관인 Lukas씨께 감사의 뜻을 전하고, 뉴질랜드 최초 한국 여성 국회의원인 멜리사 리 의원님 및 뉴질랜드 관광청의 권희정 한국 지사장님께도 깊은 감사의 말씀을 전하고 싶습니다.

저자_ 송민수

Contents

ontents

1

뉴질랜드 농장이야기

워킹홀리데이 메이커들이 흔히 말하는 뉴질랜드 농장일은 대부분 원예업에 관련된 일이 가장 많다. 젖소를 키우는 목장이나 밭일도 있지만 일이 힘들고 고되기 때문에 많은 워커들이 과일 농장을 찾고 있다. 농장 시즌은 보통 2~3개월 단위로 짧기 때문에 한 가지 일이 끝나면 다른 일을 찾아서 여기저기 옮겨 다니며 일하게 되는데 이런 워커들을 계절 근로자Seasonal Worker라고 한다.

농장일은 간단하게 피킹Picking, 패킹Packing, 유지 및 보수Maintenance 이 세 가지로 나눌 수 있다. 피킹은 작물을 수확하는 것으로 주로 야외에서 일하기 때문에 날씨의 영향을 많이 받는다. 패킹은 수확한 작물을 팩하우스Packhouse에서 선별해 박스에 넣어 포장하는 일을 말한다. 패킹의 경우에는 실내에서 일하기 때문에 날씨의 영향을 받지 않아 여자가 하기에 좋은 일이다. 유지 및 보수 일은 작물이 잘 자라날 수 있도록 해주는 열매 솎아내기, 가지치기 등의 일들을 말한다. 뉴질랜드는 각 지역별로 시즌에 따라 여러 가지 농장 일들이 많다.

뉴질랜드 대표 농장일로 유명한 작물은 키위, 사과 그리고 포도이다.

키위의 경우 원산지가 중국이지만 뉴질랜드에 토착화되어 뉴질랜드 키위가 전 세계적으로 유명하게 되었다. 현재 제스프리Zespri라는 상표로 국제적으로 판매되고 있는 이 키위는 뉴질랜드 주요 수출 품목 중 하나이다. 또한 과학적인 연구로 단맛이 보다 강한 제스프리 골드Zespri Gold 키위 같은 혁신적인 제품도 만들어 내었다.

뉴질랜드 사과는 북반구에서 생산되지 않은 시기의 공급으로 유명하다. 사과의 종류만 8가지가 넘을 정도로 다양한 품종이 있으며 계속해서 새로운 품종을 개발하고 있다. 북섬의 헉스베이Hawkes Bay 지역과 남섬의 넬슨Nelson 지역이 사과 농장으로 유명한 곳이다.

뉴질랜드 와인은 선진국 와인 애호가들의 입맛을 사로잡으며 매년 큰 폭의 수출 성장을 하고 있다. 지난 10년간 포도밭이 2배 이상, 포도 재배 면적과 포도 생산량이 각각 3배 이상 확대되면서 새로운 성장 유망사업으로 각광받고 있다. 북섬과 남섬 곳곳에서 포도밭을 볼 수 있으며, 포도 관련 일자리도 연중 있기 때문에 많은 워커들이 포도 농장을 찾고 있다.

깨끗하고 아름다운 자연으로 유명한 뉴질랜드. 그곳에서 친환경 재배를 통해 자라난 농작물을 수확하고 포장하는 일은 많은 워킹홀리데이 메이커들에게 새로운 경험이 되고 있다. 워킹홀리데이 비자가 생긴 이래로 도시 뿐만 아니라 농장에서 돈을 벌어 여행과 공부를 하는 사람들이 점점 늘고 있다. 농장일은 날씨와 여러 가지 변수들로 인해 예측하기 힘들기 때문에 농장으로 가기 전에 시즌과 일자리에 대한 정확한 정보를 수집하여 보람있는 농장 생활을 할 수 있도록 철저히 준비하자.

포도 겨울 일자리 (5월~9월)
가지치기Pruning － 떼어내기Stripping － 다듬기Trimming － 묶기Wrapping

포도 봄 _여름 일자리 (10월~2월)
순 솎아내기Shoot Thinning － 싹 비벼 없애기Bud Rubbing － 와이어 올리기Wire Lifting
잎 떼어내기Leaf Plucking － 열매 솎아내기Fruit Thinning － 그물망 설치Bird Nets Installation

　뉴질랜드는 계절별로 다양한 작물이 재배되고, 그에 따라서 다양한 일자리가 있다. 농장 일자리를 찾기 위해서는 지금 계절에 어떤 농장 일들이 있는지 알아야 한다. 뉴질랜드 계절은 북반구와 정 반대로, 여름철인 1월이 가장 덥고 겨울철인 7월이 가장 춥기 때문에 농장으로 가는 계획을 세우기 전에 성수기와 비수기를 먼저 확인하자. 뉴질랜드에서 농장 일자리가 많은 시즌은 11월~6월까지 날씨가 더울 때 가장 많다.

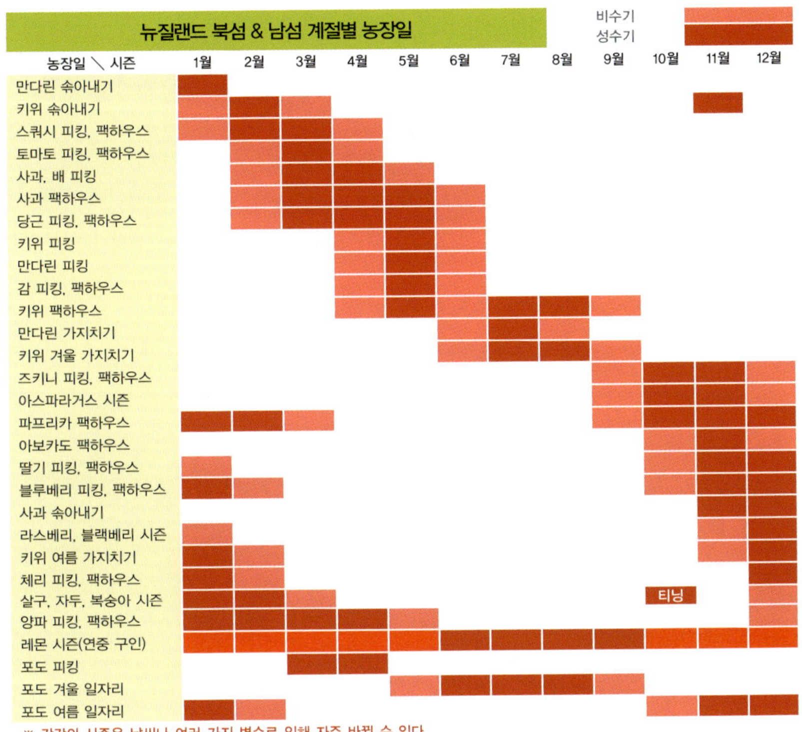

※ 각각의 시즌은 날씨나 여러 가지 변수로 인해 자주 바뀔 수 있다.

계절별 농장 일들을 확인했다면 이제 지역별로 어떤 작물이 재배되는지 알아보자. 뉴질랜드는 길고 가느다란 국토의 모양으로 인해 북섬과 남섬이 서로 다른 기후를 가지고 있어서 각 지역별로 잘 자라는 작물이 있다. 북섬에는 주로 키위, 사과, 감귤류(만다린, 레몬, 탄제린 등) 등의 작물이 재배되고, 남섬에는 포도, 체리, 핵과류(자두, 복숭아, 살구 등) 등의 작물이 재배된다.

	북섬 North Island	남섬 South Island
감귤류 Citrus	Northland, Bay of Plenty, Gisborne	
키위 Kiwi Fruit	Northland, Bay of Plenty	Nelson
사과, 배 Pip Fruit	Hawkes Bay, Waikato, Wairarapa	Marlborough, Nelson, Otago
포도 Grape	Waikato, Hawkes Bay, Wairarapa	Marlborough, Canterbury, Otago
딸기, 블루베리 Berries	Auckland, Waikato, Hawkes Bay	Canterbury
라스베리, 블랙베리 Berries	Bay of Plenty, Hawkes Bay	Canterbury, Otago
아보카도 Avocado	Northland, Bay of Plenty	
아스파라거스 Asparagus	Waikato, Hawkes Bay	
살구, 자두, 복숭아 Summer Fruit	Northland, Hawkes Bay	Marlborough, Nelson, Canterbury, Otago
체리 Cherry	Hawkes Bay, Waikato	Marlborough, Canterbury, Otago
감 Persimmon	Northland, Waikato, Gisborne, Bay of Plenty, Hawkes Bay	
야채류 Vegetables	Northland, Manawatu, Ohakune Hawkes Bay, Gisborne	Marlborough, Canterbury

감귤류 Citrus_ 감귤나무 또는 그 열매를 통틀어 이르는 말로 단맛과 신맛이 있는 열매
핵과류 Stone Fruit_ 씨가 굳어서 된 단단한 핵으로 싸여 있는 열매

시즌 & 지역별 필요한 워커 Seasonal Worker 의 수

	1월	2월	3월	4월	5월	6월
Northland	1,100	800	-	1,000	1,000	1,000
Auckland	1,280	1,390	1,150	740	400	350
Waikato	700	150	500	500	500	-
Bay of Plenty	1,300	800	5,000	12,000	12,000	5,000
East Coast	430	700	700	640	500	470
Hawke's Bay	4,500	12,500	12,500	12,500	10,700	5,100
Horowhenua	150	200	200	200	150	100
Wairarapa	100	110	150	100	120	190
Nelson	250	4,800	6,000	6,000	600	150
Malborough	1,800	1,400	1,570	1,300	1,600	2,500
Canterbury	220	640	540	600	560	200
Central Otago	5,000	4,500	2,200	1,800	1,250	750
Totals	16,830	33,390	36,310	40,880	29,380	15,810

	7월	8월	9월	10월	11월	12월
Northland	1,000	-	500	700	700	700
Auckland	300	340	170	540	1,170	980
Waikato	-	-	450	450	450	300
Bay of Plenty	5,000	3,000	850	1,650	1,650	1,550
East Coast	470	430	60	120	400	430
Hawke's Bay	1,100	1,000	800	900	9,100	9,000
Horowhenua	50	50	150	250	300	300
Wairarapa	190	175	25	50	85	100
Nelson	150	140	20	40	70	180
Malborough	2,500	2,300	320	580	1,100	1,800
Canterbury	200	200	30	320	370	470
Central Otago	700	700	700	1,100	1,000	3,000
Totals	11,160	7,835	3,575	6,400	16,395	18,810

출처 www.picknz.co.nz

04 농장일 관련 용어

농장일에 관련된 용어는 여러 가지가 있다.
농장에 가기 전에 어떤 일인지 미리 알아두자.

솎아내기 Thinning

작물이 익기 전에는 딱딱한 작은 열매들이 포도송이처럼 뭉쳐있다. 열매들이 잘 자라기 위해서는 공간을 만들어 주어야 하는데 그때 하는 일이 바로 솎아내기이다. 열매가 자라서 커졌을 때를 상상하며 뭉쳐있는 열매를 서로 붙지 않게 공간을 만들기 위해서 손으로 적당히 떼어낸다. 솎아내기는 열매가 익기 2~3달 전에 해준다. 보통 능력제로 급여를 받고 나무 한 그루당 가격이 정해져 있다.

피킹 Picking

작물을 따는 것을 피킹Picking이라고 한다. 작물의 종류에 따라 손 또는 작은 칼로 따거나 클리퍼Clipper라는 작은 가위를 사용해서 따기도 한다. 종류에 따라 피킹하는 방법이 다르고, 보통 캥거루백Kangaroo Bag을 몸 앞쪽에 메고 피킹을 하거나 작은 바구니Basket를 사용한다. 캥거루 백이나 바구니가 가득차면 빈Bin 또는 작은 상자Crate에 옮겨 담는다. 피킹은 보통 능력제로 하며, 나무에 열린 과일을 피킹할 때는 3단 또는 9단 사다리를 사용해 피킹한다.

가지치기 ^{Pruning}

  가지치기는 필요 없는 가지를 잘라내어 건강한 가지로 영양분이 좀 더 가도록 하고, 잎이 많은 나무일 경우 햇빛이 안쪽까지 잘 들게 하여 병충해를 없애 더 좋은 품질의 열매를 맺도록 하기 위한 일이다. 클리퍼 보다 큰 가위로 나뭇가지를 밀면서 잘라낸다. 가지치기 시기는 농장마다 다르지만 보통 피킹이 끝나고 1~3주 뒤에 한다. 가지치기는 능력제이며, 나무 한 그루당 가격이 정해져 있다.

포장 ^{Packing} 및 팩하우스 ^{Packhouse}

  모든 작물은 피킹을 한 뒤 팩하우스로 옮겨진다. 팩하우스에서는 상태가 좋은 과일만을 골라내어 박스에 담아 포장을 해서 국내 마켓으로 보내거나 해외로 수출하게 된다. 팩하우스에서 주로 하는 일은 선별하기^{Grading}, 포장하기^{Packing}, 박스 쌓기^{Stacking} 등이다. 실내에서 일하기 때문에 날씨에 영향을 받지 않고, 시간제로 급여를 받는다. 보통 2~3교대로 일을 하며, 일주일에 5일~7일 동안 일을 한다.

포도 농장 ^{Vineyard} 에서 쓰는 용어

Winter Works (5월 중순 ~ 9월 중순)

가지치기 Pruning	필요없는 가지를 자르는 일
떼어내기 Stripping	자른 가지를 잡아당겨 빼내는 일
다듬기 Trimming	남아있는 잔가지를 다듬는 일
묶기 Wrapping	가지를 철사에 감아 고정시키는 일

Spring Works (10월 ~ 12월)

순 솎아내기 Shoot Thinning	겨울이 지나고 마구 돋아난 새 순을 포도송이가 잘 자라도록 솎아주는 일
싹 비벼 떼기 Bud Rubbing	가지 밑 부분에 나는 불필요한 어린 싹이나 잎을 손으로 비벼서 떼어내는 일
와이어 올리기 Wire Lifting	포도나무 가지가 와이어로 된 틀 안에서 가지런히 자랄 수 있도록 와이어를 올려서 가지를 넣어주는 일

Summer Works (12월 ~ 2월)

잎 떼어내기 Leaf Plucking	포도가 햇빛을 더 잘 받고, 병충해 없이 잘 자라도록 잎을 떼어내는 일
열매 솎아내기 Fruit Thinning	어린 포도송이가 많이 열린 곳은 잘라주고, 큰 송이는 중간 컷 해주는 일
그물망 설치 Bird Nets Installation	새로부터 포도를 보호하기 위해 그물망을 설치하는 일

Grape Harvesting (3월 ~ 4월)

포도 피킹 Grape Picking	포도 열매를 수확하는 일

Q . 컨트렉터Contractor란?

A . 컨트렉터는 중개업자로서 워커를 채용하고, 그들을 그룹별로 농장주에게 소개시켜주는 사람이나 회사를 말합니다. 컨트렉터의 주된 수입은 워커들에게 농장일을 소개시켜주고 농장주에게 받는 수수료입니다. 간혹 농장주가 컨트렉터에게 수수료를 지불하지 않을 경우 워커들에게 일자리에 대한 수수료를 받기도 합니다. 컨트렉터는 워커들을 위해 일자리와 숙소 그리고 교통편을 준비해주기 때문에 주로 차가 없는 워커들이 컨트렉터를 통해서 일을 합니다. 그리고 농장에서 일을 할 때 워커들을 관리하는 사람을 슈퍼바이저Supervisor라고 합니다.

Q . 컨트렉터를 통해서 일하는 것과 농장에 직접 연락해서 일하는 것 중 어떤 것이 더 좋은가요?

A . 워커들의 선호도에 따라 달라집니다. 컨트렉터는 일자리를 보장해주고 숙소와 교통편을 준비해주지만 워커가 일자리를 선택하기 힘들 수 있습니다. 농장과 직접 연락해서 찾아가면 일자리를 선택할 수 있지만 차가 있어야 하며 숙소와 교통편을 스스로 준비해야 합니다. 팜스테이Farmstay라고 하여 농장 안에 숙소가 같이 있는 경우도 있는데 가격이 저렴한 대신 시설이 좋지 않고 시내와 멀리 떨어져 있습니다. 보통 농장주들은 믿을만한 컨트렉터를 통해서 온 사람들을 선호합니다.

Q . 농장일을 하면 얼마나 많은 돈을 벌 수 있나요?

A . 개인의 능력과 날씨에 따라서 다릅니다. 또한 농장일을 하기 전에 급여와 지불 방법 등을 고용주에게 물어보는 것이 매우 중요합니다. 피킹은 보통 능력제, 팩하우스 일은 시간제로 계약하고 작업량에 따라 급여를 받게 됩니다. 급여는 세금을 제한 금액이 매주 은행 계좌로 입금됩니다. 예를 들어, 한 빈Bin당 NZ$30를 주는 사과 피킹을 한다면 오전 8시부터 오후 4시까지 5상자를 채울 수 있으며, 세금을 제한

기 전에 하루에 NZ$150을 받게 됩니다. 만약 팩하우스에서 시간제로 일하게 된다면 시간당 NZ$13.50 (홀리데이 페이 포함)를 받고, 하루에 8시간 일하면 세금을 제하기 전에 총 NZ$108를 벌 수 있습니다. (2009년 최저임금 기준)

Q. 세금(TAX)을 내야 하나요?

A. 뉴질랜드에서 일하기 위해서는 IRD^{Inland Revenue Department} 번호를 신청해서 반드시 과세 등록을 해야 합니다. 경우에 따라서 세금으로 낸 일부 금액은 뉴질랜드를 떠날 때 환급 받을 수 있습니다. 워킹홀리데이 메이커들이 사용하는 일반적인 세금 코드는 M코드입니다. M코드는 버는 금액에 따라 세율을 다르게 적용하는 코드로 일주일에 $700을 벌었다면 약 19.5%, $1200을 벌었다면 약 23.5%의 세율이 적용됩니다. 그밖에 시즌에 따라 그때그때 농장에서 일하는 워커들이 사용하는 CAE코드가 있습니다. CAE코드는 금액에 상관없이 약 22.3%의 고정적인 세율을 적용하는 세금 코드 입니다.

Q. 하루에 몇 시간 일하나요?

A. 일의 종류와 고용주와 계약한 내용에 따라 다릅니다. 일반적으로 점심시간에 30분~1시간 정도 쉬고, 하루에 8시간 일합니다. 피킹 시즌의 성수기에는 원하는 만큼 늦게까지 일하는 농장도 있습니다. 팩하우스에서도 바쁜 시즌에는 야근을 하지만 강요하지는 않습니다.

Q. 농장일은 위험하지 않나요?ㄱ

A. 다른 일들과 마찬가지로 일과 관련된 위험 요소는 있습니다. 사다리 위에서 일을 할 경우 특히 조심해야 하며, 트렉터나 기계들 가까이에 가지 않도록 주의해야 합니다. 또한 자동차 운전을 할 경우에도 한국과 반대의 차선으로 인해 사고가 많이 발생하기 때문에 항상 조심해야 합니다.

Q. 일하다가 해고될 수도 있나요?

A. 고용주들이 시즈널 워커^{Seasonal Worker}들에게 바라는 것은 정직과 믿음입니다. 워커들에게는 돈을 벌기위한 단기간의 일이지만 농장주에게는 중요한 일입니다. 따라서 워커들이 사정이 생겨서 일을 할 수 없다면 고용주에게 반드시 알려야 합니다. 만약 게으름을 피우거나 문제를 일으켜 일에 지장을 준다면 해고될 수 있습니다.

Q . 주말에도 일을 해야 되나요?

A . 반드시 해야 되는 것은 아니지만 일의 종류와 농장 상황에 따라서 주말에 일
하는 경우도 있습니다. 하지만 고용주는 워커의 동의를 받아야 하기 때문에 워커가
결정할 수 있습니다. 더 많은 돈을 벌기 위해서 주말에 일하는 워커들도 있습니다.

Q . 농장일에 필요한 신체 조건은?

A . 농장일은 육체노동이기 때문에 어느 정도의 신체 조건이 요구됩니다. 육체노
동에 익숙하지 않더라도 시간이 지나면 점차 익숙해지기 때문에 끈기를 가지고 일
해야 합니다. 건전한 신체만 있다면 어떤 일이든지 할 수 있습니다. 피킹일이 힘들
다면 팩하우스 같이 실내에서 하는 일도 할 수 있습니다.

Q . 농장일은 날씨에 영향을 많이 받나요?

A . 농장일은 날씨에 영향을 많이 받는 일입니다. 피킹은 주로 햇볕이 내리쬐는 여
름철에 하기 때문에 덥고, 비가 가볍게 오면 피킹을 하지만 많이 오면 일을 쉬게 됩
니다. 아침에 비가 많이 온다면 고용주가 워커들에게 연락해 날씨 여건에 따라 일
을 하게 될지 알려줍니다.

Q . 몸이 아프면 어떻게 하나요?

A . 몸이 아프면 고용주에게 알리고 일을 쉴 수 있습니다. 하지만 임금을 받지 못
하기 때문에 건강관리를 소홀히 하지 않도록 주의해야 합니다.

Q . 숙소 배정은 어떻게 되나요? 어떤 곳에서 지내게 되나요?

A . 컨트렉터를 통해서 일을 할 경우 농장에서 가까운 백팩커나 홀리데이 파크에
서 지내게 됩니다. 이런 숙소에서는 장기 숙박자를 위한 할인을 해주기도 하며, 보
통 선착순으로 숙소를 배정합니다. 농장에 있는 숙소에서 지내는 경우도 있는데 캐
빈^{Cabin}이나 캐러반^{Caravan}에서 지내게 됩니다. 직접 농장주를 찾아가서 일을 하는 경
우에는 농장안에 있는 숙소에서 지내거나 근처의 숙소를 직접 알아봐야 합니다.

1. 워킹홀리데이 비자

2. 국제 운전 면허증

3. 출국 준비물 챙기기

4. 뉴질랜드 정보 웹사이트

2

한국에서 준비하기

01 워킹홀리데이 비자
Working Holiday Visa

워킹홀리데이 비자는 어학연수, 여행, 취업이 모두 가능한 비자로써 워킹홀리데이 메이커들은 주로 아르바이트를 통해 여행 경비를 마련한다. 그러나 한 고용주 밑에서 3개월 이상 일할 수 없으며, 어학원도 3개월 이상 다닐 수 없는 제한적인 비자이다. 비자의 유효기간은 발급일로부터 1년이며, 뉴질랜드 최초 입국일 부터 1년 동안 체류할 수 있다. 비자를 발급 받고 1년 이내에 뉴질랜드에 입국하지 않으면 비자는 자동으로 소멸된다. 워킹홀리데이 비자는 복수비자이기 때문에 1년 이내에 외국으로 입출국이 자유롭다.

비자 발급 조건

만 18세~30세 사이의 부양 자녀가 없는 한국 국적 소지자
유효한 여권 소지자, 신체 및 정신이 건강한 자
체류기간 동안의 최소 생활비(NZ$4,200)와 왕복항공권 비용을 충당할 재정적 능력이 있는 자, 체류기간 동안 의료보험medical and comprehensive hospitalization insurance에 가입할 수 있는 자

선정 방법

매년 4월 1일부터 선착순으로 1800명(2009년 기준)의 지원자를 받는다. 개인이 온라인상으로 먼저 신청서를 작성하고, 신체검사 받은 후 신체검사 서류를 뉴질랜드 이민성 지사에 보내면 뉴질랜드 이민성에서 이를 심사하게 된다. 최종적으로 이민성으로부터 승인 메시지를 전달받으면 비자 정보가 들어있는 내용을 웹사이트 상에서 출력하여 여권에 부착하여 사용한다. 기타 범죄 사실이 있거나, 타국가로의 입국 거절 등의 문제가 있었다면 신청서에 사실대로 기재해야 한다. 비자가 발급된 후 이와 같은 사실이 밝혀지면 뉴질랜드 입국이 거절될 수 있다.

지원 방법

- 뉴질랜드 이민성 웹사이트(www.immigration.govt.nz)에서 온라인 접수
- 수수료 : $120(NZD) 신용카드 (비자 또는 마스터 카드만 가능)
- 신체검사 : 검사 결과는 3개월 미만까지 유효. 신체검사 지정병원
  (연세 세브란스병원/강남 성모병원/종로 하나로 의료재단/부산 침례병원)

뉴질랜드 워킹홀리데이 비자 신청 절차

1_ 뉴질랜드 이민성 회원 등록하기

뉴질랜드 이민성 사이트에 접속 (www.immigration.govt.nz)

ONLINE SERVICES LOGIN GO를 클릭한다

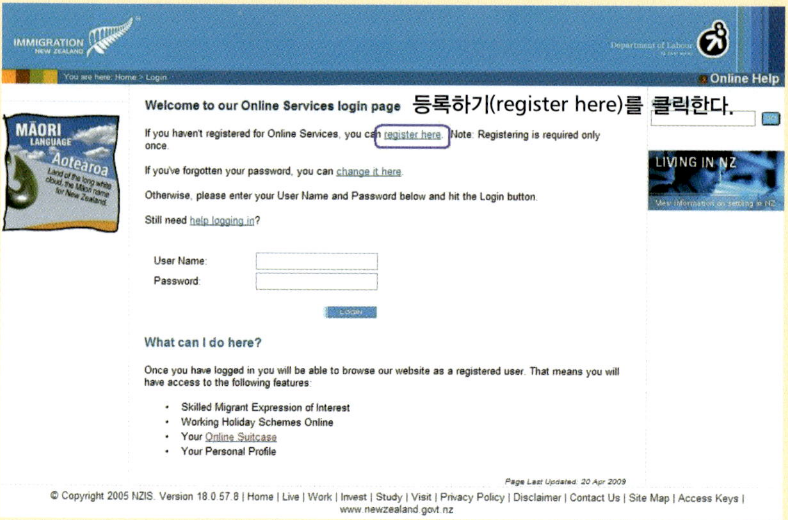
IMMIGRATION NEW ZEALAND
Department of Labour
You are here: Home > Login
Online Help
Welcome to our Online Services login page
등록하기(register here)를 클릭한다.
If you haven't registered for Online Services, you can register here. Note: Registering is required only once.
If you've forgotten your password, you can change it here.
Otherwise, please enter your User Name and Password below and hit the Login button.
Still need help logging in?
User Name:
Password:
LOGIN
What can I do here?
Once you have logged in you will be able to browse our website as a registered user. That means you will have access to the following features:
Skilled Migrant Expression of Interest
Working Holiday Schemes Online
Your Online Suitcase
Your Personal Profile
MĀORI LANGUAGE
Aotearoa
Land of the long white cloud, the Māori name for New Zealand
LIVING IN NZ
View information on settling in NZ
Page Last Updated: 20 Apr 2009
© Copyright 2005 NZIS. Version 18.0.57.8 | Home | Live | Work | Invest | Study | Visit | Privacy Policy | Disclaimer | Contact Us | Site Map | Access Keys |
www.newzealand.govt.nz

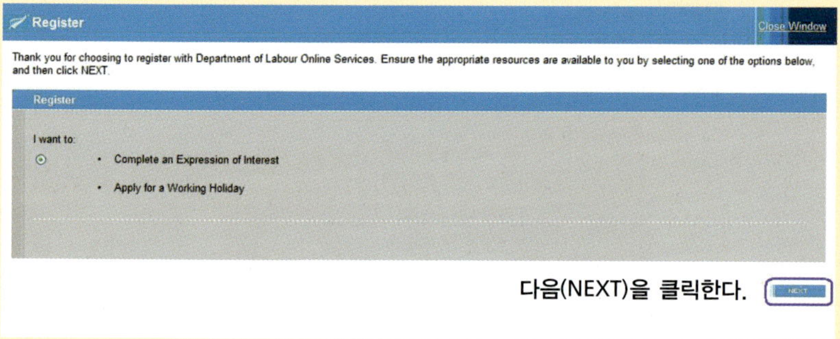
Register
Close Window
Thank you for choosing to register with Department of Labour Online Services. Ensure the appropriate resources are available to you by selecting one of the options below, and then click NEXT.
Register
I want to:
Complete an Expression of Interest
Apply for a Working Holiday
다음(NEXT)을 클릭한다.
NEXT

choose something that you will remember.
You could lose access to your personal information if you can't provide the correct User name. You will also be responsible for any incorrect or unauthorised use of your User name and Password. Find out more about our Terms of Use.
All fields with an asterisk * must be completed.
Registration Details
First Name: 이름 *
Family Name: 성 *
Email Address: e.g. name@company.co.nz 이메일 *
Enter a User Name: 아이디 *
Enter a Password: 비밀번호 *
No longer than 15 characters, must include at least 4 letters and at least 2 numbers
Confirm your Password: 비밀번호 확인 *
Enter a Secret Question: e.g. What is my nickname? 비밀번호 확인 질문 *
Enter the Answer to this Secret Question: 비밀번호 확인 답변 *
By registering to use this service, you agree to the Terms of Use as outlined *
가입 정보를 입력하고 등록(REGISTER) 버튼을 클릭한다.
REGISTER

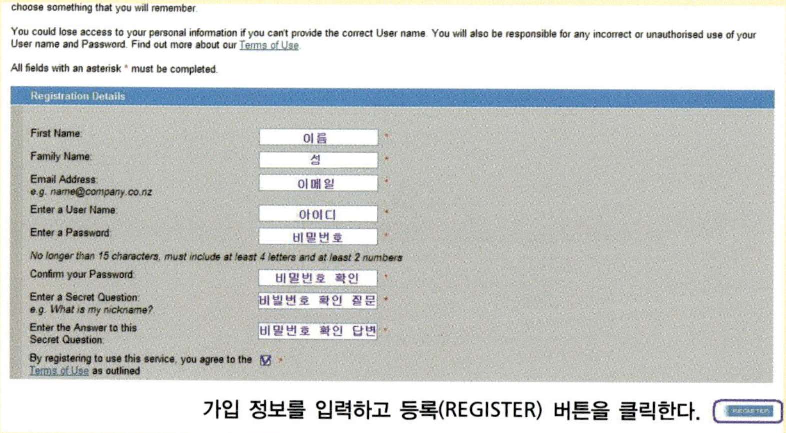

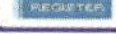

등록 완료 화면을 볼 수 있다.

등록이 완료되면 본인의 이메일로 확인 메일이 온다.

2_워킹홀리데이 비자 신청하기

온라인 서비스 로그인(ONLINE SERVICES LOGIN) GO를 클릭한다.

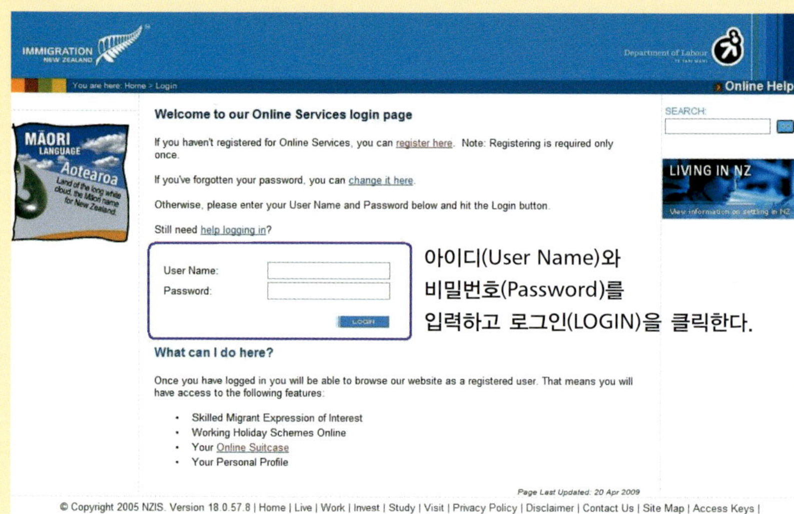

온라인 서비스(ONLINE SERVICES) 메뉴의 워킹 홀리데이(Working Holiday)를 클릭한다.

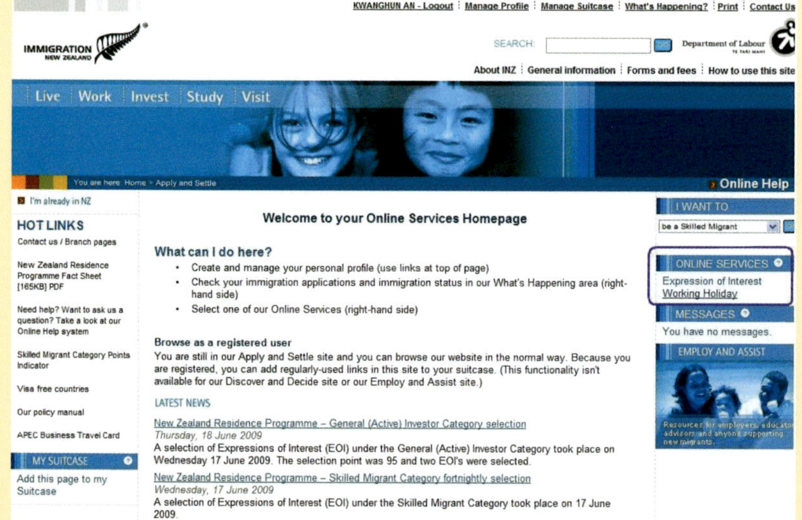

텍스트 상자에서 한국(South Korea)을 선택한 후 OK를 클릭한다.

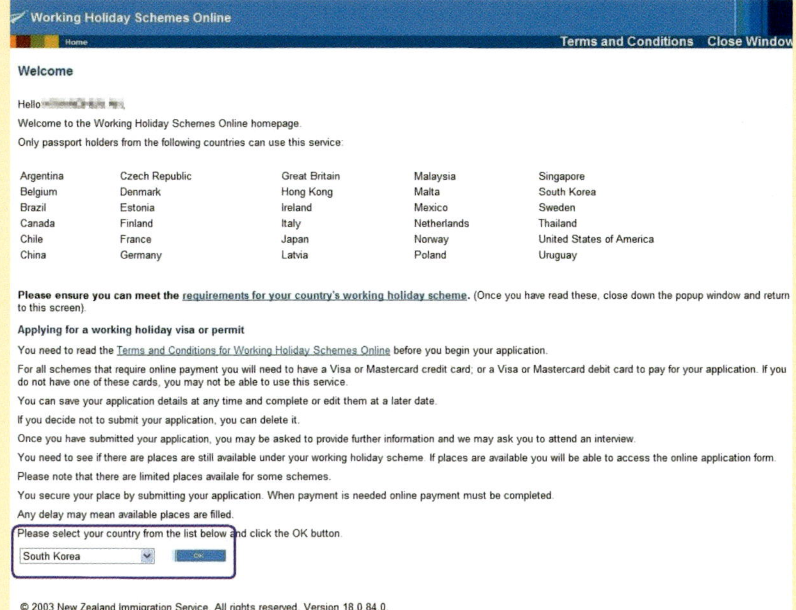

지금 신청하기(APPLY NOW) 버튼을 누른다.

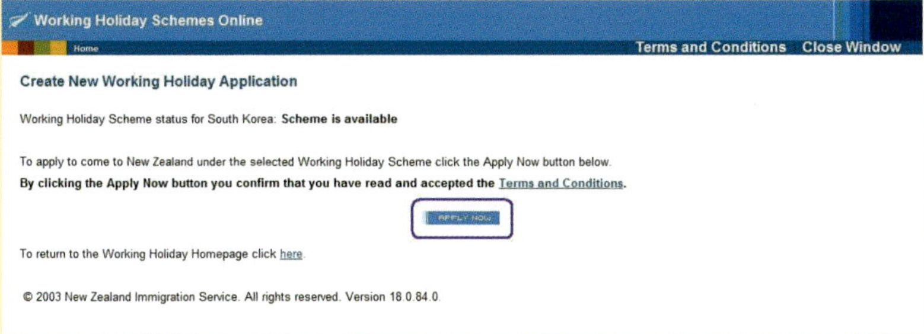

　　개인 정보(Personal Details)를 입력하고 다음(NEXT)을 클릭한다. 전화번호의 지역번호는 0을 빼고 입력한다.

신분 증명(Identification)란에 여권 정보와 기타 신분증 정보를 입력하고 다음(NEXT)을 클릭한다. 비자를 받고 여권 번호가 바뀌었다면 구여권과 함께 소지하고 다니도록 하자.

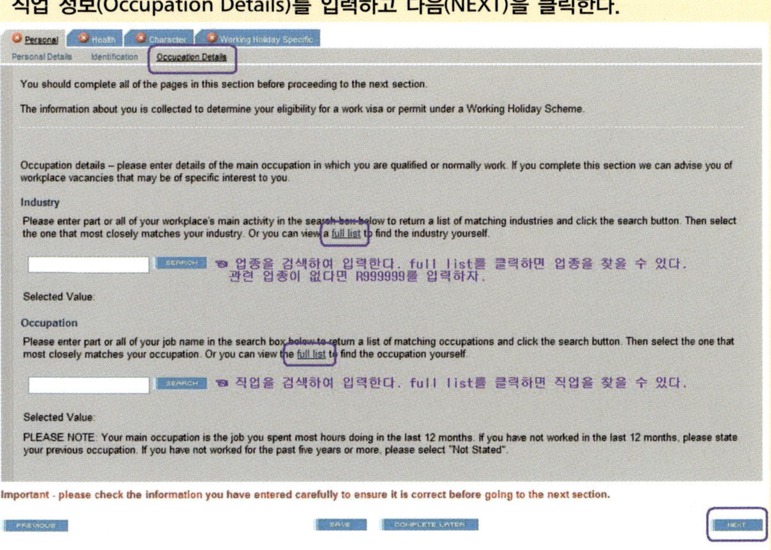

직업 정보(Occupation Details)를 입력하고 다음(NEXT)을 클릭한다.

건강(Health) 정보를 입력하고 다음(NEXT)를 클릭한다.

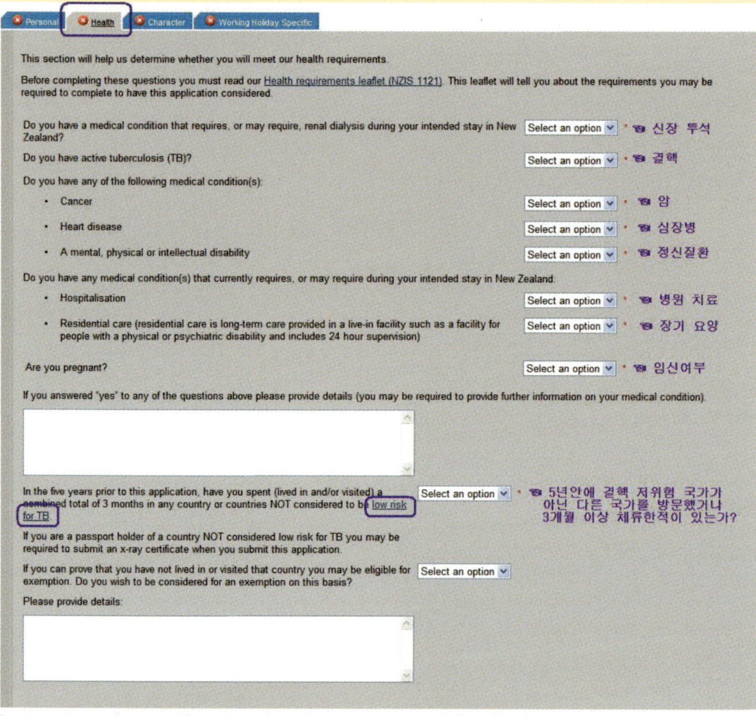

신분(Character) 정보를 입력하고 다음(NEXT)을 클릭한다.

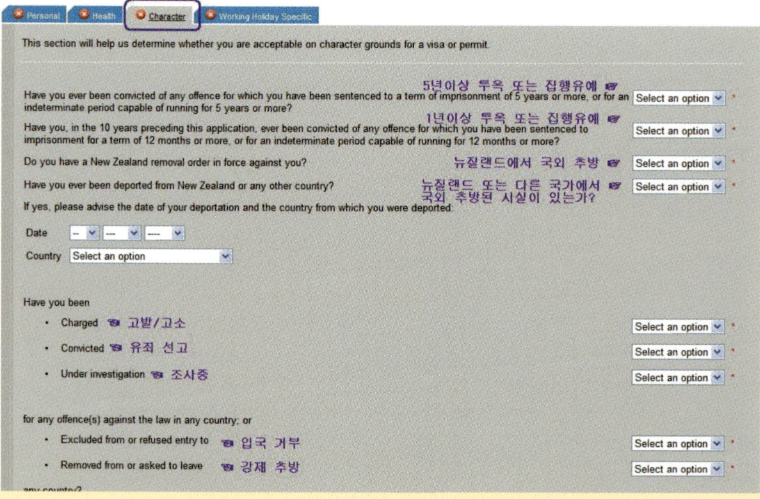

워킹홀리데이 세부정보(Working Holiday Specific) 입력하고 다음(NEXT)을 클릭한다.

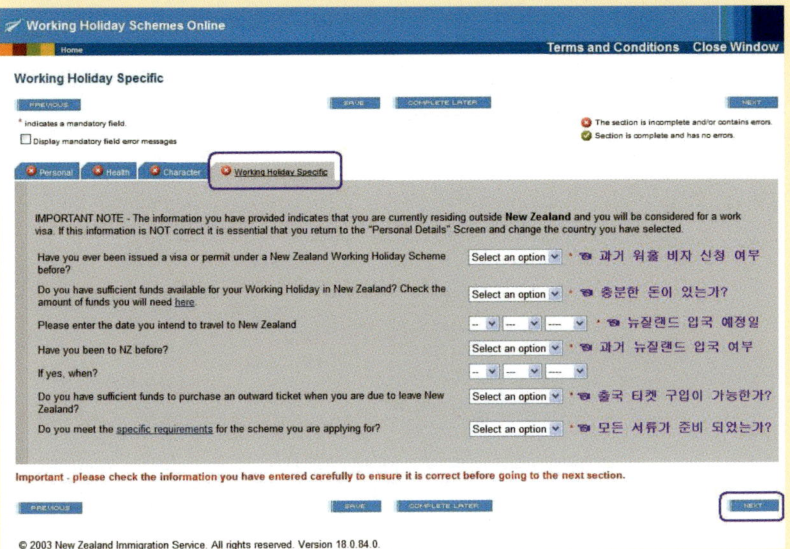

4가지 사항이 완료되면 제출(SUBMIT) 버튼이 생긴다. 제출(SUBMIT)을 클릭한다.

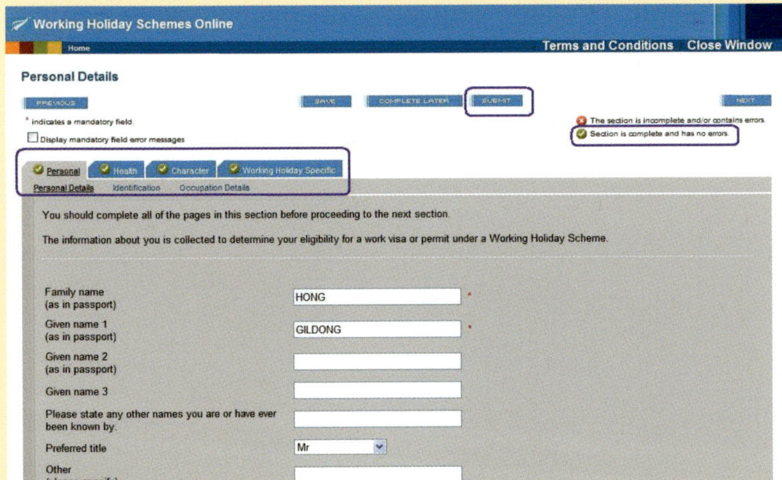

제출(SUBMIT)하면 지원서 제출시 동의함을 묻는 항목이 나온다. 자세히 읽어보고 모두 YES를 체크한 후 다시 제출(SUBMIT)을 클릭하면 비자 비용 결제(PAY) 화면이 나온다. 지금 결제하기(PAY NOW)를 클릭한다. 비자 비용은 신용카드(VISA Or MasterCard)로만 결제가 가능하다. 결제화면이 나오면 안전 결제 사이트(Secure Payment Site)를 클릭하여 비자 비용(NZ$120)을 결제한다. 결제를 완료하면 Application Submitted 화면이 나오고 신체검사에 관한 안내문을 볼 수 있다.

이민성 사이트에 로그인하면 비자가 접수되었다는 메뉴가 나온다. 신검 서류를 보내고 워킹홀리데이 비자가 승인되었다면 What's Happening? 메뉴에 Immigration Status 란이 추가되고 비자의 종류(Type)와 유효기간(Expiry Date)이 표시된다.

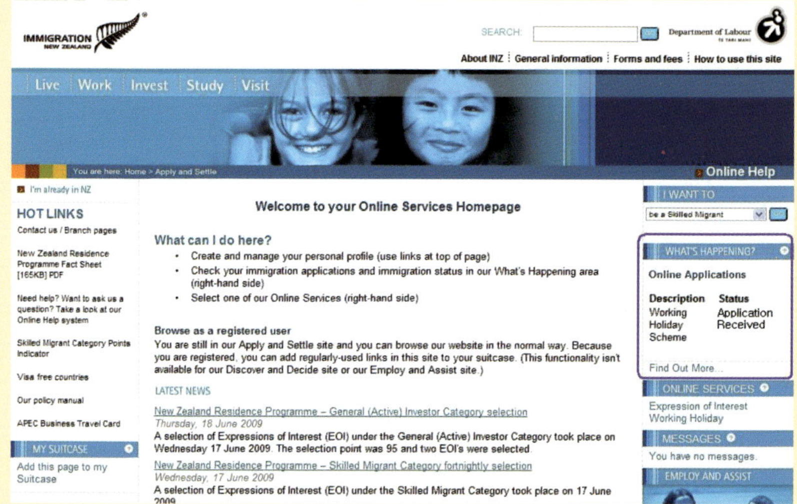

Find Out More...을 클릭하면 비자 접수 상태와 비자 비용 결제 확인을 할 수 있다. 비자가 발급되면 Immigration Status 란의 비자 정보 보기(View Visa Details)를 클릭하여 E-Visa를 출력한다. 출력한 비자는 여권과 함께 보관하도록 하자.

3_신체검사 받기

　워킹홀리데이 비자 신체검사 지정 병원에서 신체검사를 받고 뉴질랜드 이민성 해외 지사 중 가까운 곳으로 엑스레이 필름을 제외한 신체검사 결과 서류를 EMS우편으로 보낸다. 한국에서 신청하면 홍콩 지사로, 뉴질랜드에서 신청하면 뉴질랜드 이민성으로 보내면 된다. 신체검사 서류를 보내고 약 10일이 지나면 이민성 웹사이트에서 비자 승인 여부를 확인할 수 있다. 신체검사 서류는 병원에 비치되어 있고, 미리 예약을 하고 가도록 하자.

신체검사 준비물
1년 미만(1~11개월) : 사진 2장, 여권

검진 비용
워킹홀리데이 : 5만원(2009년 기준)

워킹홀리데이 비자 신체검사 지정 병원
종로 하나로 의료재단(www.hanaromf.com)
서울시 종로구 인사동 194-4 하나로빌딩 4층, 대표전화 02-732-3030
연세 세브란스 병원(sev.iseverance.com)
서울시 서대문구 성산로 250 (신촌동 134), 대표전화 1599-1004
강남 성모병원(www.cmcseoul.or.kr)
서울시 서초구 반포동 505 가톨릭대학교 서울성모병원, 대표전화 1588-1511
부산 침례병원(www.wmbh.co.kr)
부산광역시 금정구 구서중앙2로 298 (남산동 374-75), 대표전화 051-580-2000

신체검사 서류 보내는 곳

Online applications
Immigration New Zealand
Hong Kong Branch
Suite 6508, Central Plaza
18 Harbour Road, Wanchai
HONG KONG

Online applications
Working Holiday Schemes Team
P O Box 3773
Shortland Street
Auckland
NEW ZEALAND

Online applications
Immigration New Zealand
PO Box 365
Sydney NSW 2001
AUSTRALIA

Online applications
Immigration New Zealand
Mezzanine Floor
NZ House, 80 Haymarket
London, SW1Y 4TE
UNITED KINGDOM

국제 운전 면허증은 일시적으로 외국 여행을 할 때 여행지에서 운전할 수 있도록 발급되는 운전 면허증이다. 뉴질랜드에서 운전을 하기 위해서는 꼭 필요하지만 신분증 역할도 하기 때문에 국내 운전면허증이 있다면 국제 운전 면허증을 발급받아서 가도록 하자. 국제 운전 면허증은 발급일로부터 1년간 유효하기 때문에 미리 발급받지 말고, 출국일이 일주일 정도 남았을 때 발급받도록 하자. 뉴질랜드에서 국제 운전 면허증으로 운전할 경우, 한국 면허증과 여권을 함께 지참하는 것이 좋다. 국제 운전 면허증의 영문 이름 스펠링은 여권상의 영문 이름 스펠링과 일치하지 않으면 효력을 인정받을 수 없기 때문에 주의하도록 하자.

구비 서류

본인 신청 시 _ 본인 여권, 운전면허증, 여권용 사진 1매(3.5×4.5cm)
대리인 신청 시 _ 본인 여권(여권 상에 최종 입국 도장이 반드시 있어야 함) 또는 출입국 사실증명서, 운전면허증, 여권용 사진 1매(3.5×4.5cm), 대리인 신분증, 위임장

대리인 신청은 본인이 한국에 체류 중일 때 가능합니다.
본인이 해외 체류 중에는 대리인을 통한 국제 운전 면허증 발급이 불가능합니다.

유효기간 _ 발급일로부터 1년
수 수 료 _ 7,000원 (2009년 기준)
처리시간 _ 약 30분 (전국 운전면허 시험장)
문　　의 _ 운전면허시험 관리공단(www.dla.go.kr), 대표전화 1577-1120

국제 운전면허증이 없을 때

국제운전면허증을 준비하지 못하고 뉴질랜드에 갔다면 뉴질랜드 영사관에서 한국 운전면허증을 공증 받고, 공증된 서류와 한국 운전면허증을 같이 가지고 다니면 국제면허증과 동일한 권한을 가진다. 사진 1매, 여권과 여권 사본, 한국 운전면허증과 면허증 사본을 제출하고, 공증 비용(NZ$7.2)을 지불하면 공증 서류를 받을 수 있다.

전국 운전면허 시험장 및 위치

운전면허 시험장	주 소	민원실 전화번호
강 남	서울 강남구 탄천길 52	02) 538-5143, 5153
도 봉	서울 노원구 동1로 727	02) 934-7004, 7006
강 서	서울 강서구 남부순환로 171	02) 2661-0357
서 부	서울 마포구 상암동 438	02) 375-7185
부산북부	부산시 사상구 덕포2동 381-1	051) 303-7608,7605
부산남부	부산시 남구 용호동 산45-3	051) 626-7435, 7436
대 구	대구시 북구 태전동 1076-1	053) 311-4092, 4095
인 천	인천시 남동구 고잔동 512-12	032) 811-2440
울 산	울산시 울주군 상북면 천전리 532-1	052) 254-1893, 262-1181
용 인	경기도 용인시 기흥구 신갈동 678	031) 282-7700
안 산	경기도 안산시 단원구 와동 95-5	031) 405-0352~0354
의정부	경기도 의정부시 금오동 산23-35	031) 847-4141
춘 천	강원도 춘천시 신북읍 산천리 433-3	033) 241-7777, 8888
강 릉	강원도 강릉시 사천면 사기막리 464-1	033) 647-7000~2
원 주	강원도 원주시 호저면 만종리 872-7	033) 747-8611,2
태 백	강원도 태백시 화전동 48	033) 553-8811
청 주	충북 청원군 가덕면 시동리 206-20	043) 297-7763
충 주	충북 충주시 가주동 1-7	043) 852-1450~1
대 전	대전시 동구 대별동 364-2	042) 273-2900, 3800
예 산	충남 예산군 오가면 신장리 산17	041) 333-6167, 6168
전 북	전북 전주시 덕진구 여의동 1136	063) 213-0144
전 남	전남 나주시 삼영동 산10	061) 337-3213
문 경	경북 문경시 신기동 1107	054) 554-9800, 9015
포 항	경북 포항시 남구 오천읍 문덕리 1030-5	054) 292-4977
마 산	경남 마산시 진동면 진동리 700-2	055) 271-7603, 7604
제 주	제주특별자치도 제주시 애월읍 소길리 산211-4	064) 799-5600-1

뉴질랜드 영사관 홈페이지 nzl-auckland.mofat.go.kr

주오클랜드 분관(오클랜드)

주 소 _ 10th Floor, 396 Queen Street, Auckland, New Zealand

사서함 _ P O BOX 5744 Wllesley Street, Auckland, New Zealand

전 화 _ (64-9)379-0818, 0460

주뉴질랜드 대사관(웰링턴)

주 소 _ 11th Floor, ASB Bank Tower, 2 Hunter Street, Wellington, NZ

사서함 _ P O BOX 11-143, Manners Street, Wellington, New Zealand

전 화 _ (64-4)473-9073/4

	출국 준비물		확인
		출국 관련	
❶	여 권	유효기간 확인, 분실대비 복사본 3장 준비, 한국에 1장 보관	
❷	항 공 권	영문명, 출국일·귀국일 확인, 복사본 3장 준비, 한국에 1장 보관	
❸	증명사진	학원 등록 및 기타 서류 신청, 여권 크기 사진도 준비	
❹	환 전	현금, 여행자 수표(수표 번호는 따로 적어둘 것)등으로 환전	
❺	국제학생증	현지에서 버스 및 각종 예약 서비스 할인	
❻	국제현금카드	비상시 현지에서 인출, PLUS 마크 확인	
❼	국제전화카드	현지에서 구입 가능	
❽	국제운전면허증	현지에서 운전 및 신분증 대용, 한국 면허증도 가져가는 것이 좋음	
❾	워홀승인메일	워킹홀리데이 비자 승인 메일 프린트, 복사본은 따로 보관	
❿	여행자보험	만일의 사태를 대비하여 보험 가입, 복사본은 한국에 보관	
		학습 관련	
❶	전자사전	작고 가벼운 것으로 준비	
❷	필기도구	볼펜, 샤프, 샤프심, 지우개 등등. 연습장은 현지에서 구입 가능	
❸	녹음기/MP3	자신의 공부 스타일대로 준비, 라디오 기능 있는 작은 MP3 추천	
❹	건 전 지	디지털 카메라 전용 충전지, 일회용 건전지(한국이 저렴함)	
❺	책 가 방	한국에서 사용하던 책가방(어학원 등교시)	
❻	문 법 책	공부할 책은 스스로 챙김	
❼	알람시계	한국에서 저렴한 것으로 구입	
❽	카 메 라	한국에서 디지털 카메라 구입, 충전지, 충전기, 메모리 카드	
❾	노 트 북	사진 및 자료 저장, 인터넷 사용, 작고 가벼운 노트북 추천	
❿	영문이력서	현지에서 취업시 필요, 여분으로 여러장 준비	
⓫	안경, 렌즈	분실에 대비해 여분으로 하나씩 더 준비	

세면 관련

❶	세면도구	비누, 샴푸, 칫솔, 치약, 빗, 손수건, 샤워타올(모두 현지 구입가능)	
❷	위생도구	손톱깎기, 귀후비개, 여성 생리용품	
❸	화 장 품	한국에서 준비, 나머지는 현지에서 구입	
❹	화 장 지	작은 부피의 여행용 화장지, 나머지는 현지에서 구입	
❺	자외선차단제	현지에서 구입 가능	
❻	수　건	3~4장 정도 준비, 현지에서 구입 가능	
❼	면 도 기	사용하던 면도기 준비, 전기면도기는 전압 확인	

잡화 관련

❶	속　옷	내의, 양말 등 충분히 여유있게 준비	
❷	겉　옷	셔츠, 청바지, 긴남방, 트레이닝 복 등등 쌀쌀한 날씨 대비	
❸	잠　바	얇은 것은 한국에서 준비, 현지 사정에 따라 두꺼운 잠바 구입	
❹	신　발	운동화, 슬리퍼, 샌들 등 취향대로 준비, 현지 구입가능	
❺	수영용품	수영복, 수영모자, 물안경 등 한국에서 가져옴, 현지 구입가능	
❻	선글라스	한국에서 가져옴, 현지 구입가능	
❼	선　물	외국 친구들 선물용으로 간단한 것 준비	
❽	상 비 약	소화제, 감기약, 상처연고, 설사약, 두통약, 파스, 벌레약, 밴드 등등	
❾	우　산	부피가 작은 접이용 우산 준비, 농장 계획이 있다면 우비도 준비	
❿	한국음식	햇반, 김, 라면, 3분요리 등등, 처음 정착시 먹을 음식만 간단히 준비	
⓫	침　낭	부피가 크지 않은 작은 침낭, 현지 구입가능	
⓬	기　타	실, 바늘, 일기장, 수첩, 방명록, 공CD, 손수건, 모자, 손목시계,	

※ 대부분의 물품은 현지에서도 구입이 가능하기 때문에 꼭 필요한 물품만 한국에서 챙기도록 하자.

04 뉴질랜드 정보 웹사이트

뉴질랜드 공공기관

www.immigration.govt.nz - 뉴질랜드 이민성

www.dol.govt.nz - 뉴질랜드 노동부

www.ird.govt.nz - 뉴질랜드 국세청

뉴질랜드 생활 정보

www.metservice.co.nz - 뉴질랜드 날씨 정보

www.trademe.co.nz - 온라인 중고거래 사이트

www.finda.co.nz - 뉴질랜드 회사 검색 사이트

www.fines.govt.nz - 자동차 벌금 확인하는 사이트

www.ers.govt.nz/pay/minimum.html - 뉴질랜드 최저임금

cafe.daum.net/newzealand - 뉴질랜드 종합 정보 DAUM 카페

뉴질랜드 항공사 정보

www.airnewzealand.co.nz : 뉴질랜드 항공사(에어 뉴질랜드)

www.grabaseat.co.nz : 에어 뉴질랜드의 저렴한 항공권 예약

www.flypacificblue.com : 뉴질랜드 저가 항공사(퍼시픽 블루)

www.mountainair.co.nz : 뉴질랜드 항공사(마운틴 에어)

www.qantas.co.nz : 호주 항공사 뉴질랜드 지점(콴타스)

www.virginblue.co.nz : 호주 저가 항공사(버진 블루)

www.jetstar.com : 호주 국내선 항공사(젯스타)

www.flightcentre.co.nz : 항공권, 호텔, 여행 상품 예약 업무

www.houseoftravel.co.nz : 저렴한 항공권 및 호텔 검색

뉴질랜드 여행 정보

www.nz.com - 뉴질랜드 관광 정보

www.newzealand.com - 뉴질랜드 관광청

www.wises.co.nz - 뉴질랜드 지도

www.aatravel.co.nz - 뉴질랜드 여행 정보

www.tourism.net.nz - 뉴질랜드 여행 정보

www.jasons.com/New-Zealand - 뉴질랜드 여행 가이드

뉴질랜드 숙소 정보

www.vip.co.nz - VIP 백팩커

www.bbh.co.nz - BBH 백팩커

www.yha.co.nz - YHA 호스텔

www.stayatbase.com - X Base 호스텔

www.accommodationz.co.nz - 뉴질랜드 숙소 정보

www.newzealandbackpackers.co.nz - 뉴질랜드 백팩커 정보

www.nztraveller.net.nz - 뉴질랜드 액티비티, 음식점, 숙소 정보

뉴질랜드 버스 & 패스 정보

www.intercity.co.nz - 인터시티 버스
www.newmanscoach.co.nz - 뉴먼스코치 버스
www.flexipass.co.nz - 버스여행 패스(플렉시 패스)
www.travelpass.co.nz - 버스여행 패스(트래블 패스)
www.nakedbus.com - 최저가 장거리 버스
www.magicbus.co.nz - 매직 버스
www.straytravel.com - 스트레이 트래블
www.kiwiexperience.com - 키위 익스피리언스
www.atomictravel.co.nz - 남섬 저가 버스

뉴질랜드 페리(Ferry) 회사

www.interislander.co.nz - 인터 아일랜더 / www.bluebridge.co.nz - 블루 브리지

뉴질랜드 농장 정보

www.wwoof.co.nz - 뉴질랜드 우프
www.picknz.com - 농장일, 숙소 정보
www.fres.co.nz - 목장 일자리 구인 정보
www.fhinz.co.nz - 뉴질랜드 팜 헬퍼 정보
www.nzkgi.org.nz - 키위 관련 일자리 정보
www.seasonaljobs.co.nz - 시즌별 농장 일자리 정보
www.seasonalwork.co.nz - 시즌별 농장 일자리 정보
www.jobscentral.co.nz - 오타고 지역 농장 정보
www.pickapicker.co.nz - 시즈널 워커 구직 사이트
www.winejobsonline.com - 포도 관련 일자리 정보
cafe.daum.net/nzfarmlife - 뉴질랜드 농장 정보 DAUM 카페

뉴질랜드 렌터카

www.britz.co.nz - 브리츠 자동차 렌탈
www.nzmotorhomes.co.nz - 캠퍼밴 렌탈
www.acerentals.co.nz - 에이스 자동차 렌탈

뉴질랜드 교민 웹사이트

www.inztimes.co.nz - 뉴질랜드 정통 교민지
www.netzealand.com - 뉴질랜드 교민 웹사이트
www.koreatimes.co.nz - 뉴질랜드 코리아 타임즈

뉴질랜드 라디오 실시간 듣기

The Edge : www.theedge.co.nz
Newstalk ZB : www.newstalkzb.co.nz
Radio Locator : www.radio-locator.com
More FM Digital Radio : www.morefm.co.nz

3

뉴질랜드에서 준비하기

뉴질랜드에 도착하면 제일 먼저 은행 계좌를 개설하도록 하자. 돈을 안전하게 보관할 수 있고, 일을 하게 되면 은행 계좌로 돈이 입금되기 때문에 은행 계좌는 반드시 필요하다. 뉴질랜드 은행은 통장이 없기 때문에 은행 계좌를 개설하면 바로 사용할 수 있는 직불 카드를 주고, 보통 1~2시간이 지나면 카드를 사용할 수 있다. 뉴질랜드에는 여러 가지 은행이 있는데 규모가 제법 크고 유명한 은행으로 ASB[Auckland Savings Bank] 은행, ANZ[Australia and New Zealand] 은행, NBNZ[The National Bank of New Zealand] 은행 그리고 BNZ[Bank of New Zealand] 은행 등이 있다. 은행 계좌를 신청할 때는 신분을 증명할 수 있는 서류(여권, 국제 운전면허증, 18+카드 등)를 제출하고, 상담원과 함께 계좌 개설 신청서를 작성하면 된다.

1_ 은행 계좌 개설시 준비물

- 여권
- 우편물을 받을 주소
- 여권 이외의 신분증(국제운전면허증, 학생증, 18+카드 등)을 요구하는 은행도 있다.

2_은행 계좌의 종류

은행 계좌를 개설할 때 주의해야 할 점은 은행 계좌의 종류인데 당좌 계좌[Cheque account], 저축 계좌[Saving account] 그리고 정기 예금[Term deposit] 등으로 구분된다. 당좌 계좌는 이자가 없는 대신 자유롭게 입출금이 가능한 계좌이다. 저축 계좌의 경우 이자를 받을 수 있지만 입·출금 횟수에 따라 수수료가 들기도 한다. 정기 예금 계좌는 일정 기간 예금을 저축하는 계좌로 저축 계좌보다 이자율이 높지만 은행마다 예금 기간과 최소 예치 금액이 정해져 있다. 모든 계좌는 계좌의 옵션과 입·출금 횟수에 따라 수수료가 든다. 워킹홀리데이 메이커들이 주로 사용하는 계좌는 당좌 계좌와 저축 계좌이다. 두 개의 계좌를 동시에 개설하여 이자를 받는 저축 계좌에 돈을 저금하고 인터넷 뱅킹 또는 폰뱅킹으로 필요한 만큼 당좌 계좌로 옮겨서 쓰는 워킹홀리데이 메이커들도 있다.

3_ 각 은행별 계좌의 종류

각 은행마다 다양한 계좌의 종류가 있다. 은행 계좌를 개설하기 전에 은행 직원과 충분한 상담을 통해 자신에게 맞는 계좌를 개설하도록 하자. ANZ, ASB, National Bank 은행의 대표적인 계좌 종류를 간단히 살펴보자.

ANZ 은행

Everyday Account _

이자는 없지만 한 달에 계좌 유지비 $5을 내면 ANZ ATMs, EFTPOS, Personal cheque, Internet, Phone and Branch banking 등의 입·출금 서비스를 수수료 없이 무제한으로 사용 가능한 계좌이다.

Serious Saver_

매달 이자가 붙는 저축 계좌로 계좌 유지비가 들지 않지만 최초 1회 출금은 무료, 두 번째 출금부터 $5의 수수료가 빠져나간다.

ANZ 은행 직불카드

ASB 은행

Streamline_

전자 거래(ASB ATMs, EFTPOS, FastCheque 등)에 대한 수수료가 무료이며, 매달 계좌 유지비로 $3이 빠져나간다. 인터넷으로 월별 거래 내역서(Monthly statement)를 받지 않는다고 체크하면 계좌 유지비가 빠져나가지 않는다. 창구에서 입금을 하면 창구 수수료 $3이 빠져나가며, Fast Deposit 봉투를 사용하면 입금까지 하루정도 걸리지만 입금 수수료가 들지 않는다.

FastSaver_

한달에 한번씩 이자가 지급되며, 계좌 유지비 및 전자 거래에 대한 수수료가 무료이지만 오직 인터넷 뱅킹으로만 거래가 가능하다. Fast Saver 계좌는 ATM으로 입출금이 불가능하기 때문에 인터넷 뱅킹을 통해 Stream계좌로 생활비를 이체한 후 ATM으로 출금해서 쓰도록 하자.

National 은행

Infinity Account_

계좌 유지비로 한 달에 $5이 들지만 National Bank ATMs, EFTPOS, Mobile Phone Banking, Online Banking 등을 이용할 때 수수료가 들지 않으며, 창구 이용 수수료 또한 무료이다.

Classic Account_

계좌 유지비는 들지 않지만 자동화기기 거래 수수료가 한 건당 40Cent, 창구 이용 수수료가 한 건당 80Cent로 횟수에 따라 수수료가 빠져나간다.

National Bank Select_

이자가 붙는 대신 계좌에 $5,000 이상의 금액이 예치되어 있어야 하며, 그 이하일 경우 한 달에 $15의 계좌 유지비가 빠져나간다. 모든 거래 수수료는 무료이다.

이 외에도 많은 종류의 계좌가 있으며 계좌의 종류는 자주 바뀌기 때문에 자세한 사항은 은행 직원과 상담하여 결정하도록 하자.

뉴질랜드 은행 홈페이지

ASB 은행 : www.asb.co.nz
ANZ 은행 : www.anz.co.nz
BNZ 은행 : www.bnz.co.nz
National 은행 : www.nationalbank.co.nz
Westpac 은행 : www.westpac.co.nz

뉴질랜드의 주요 무선 통신회사는 보다폰^{Vodafone}과 텔레콤^{Telecom}이 있다. 워킹 홀리데이 메이커들이 가장 많이 사용하는 회사는 보다폰이며, 각 플랜에 따라 다양한 혜택이 있다. 전자 제품 대리점 또는 보다폰 대리점에서 휴대전화를 구입할 수 있으며, 휴대전화 본체와 함께 심카드^{Sim Card}를 구입해야 한다. 심카드는 전화번호를 저장할 수 있는 칩이 달린 작은 카드이며, 휴대전화의 정보가 저장되어 있다. 단기간 머무는 여행자나 워킹홀리데이 메이커들의 경우 보통 선불 충전식 휴대전화^{Pre Pay Phone}를 구입하여 사용한다. 원하는 만큼의 금액($20, $40. $50)을 선불 ^{Prepaid} 카드로 충전해서 사용하면 된다. 휴대전화의 종류는 여러 가지이며 가격은 NZ$80~NZ600 까지 다양하다.

보다폰 선불 요금제의 종류(Prepay Plans)

BestMates (BUY BESTMATE to 756)_

한달에 3명의 친구를 지정하여 전화, 문자, 화상전화를 무제한으로 쓸 수 있는 플랜이다. 1명의 친구를 지정할 때마다 $6씩 빠져나가며, 최대 3명까지 지정할 수 있다.

TXT2000 (BUY TXT2000 to 756) _

$10을 내면 한 달 동안 2000개의 무료 문자를 보낼 수 있다.

Free Weekends (GET FW to 756) _

월요일부터 금요일까지 $5 이상을 사용하면 주말에 문자가 무료, $10 이상을 사용하면 주말에 문자와 전화 통화가 모두 무료이다.

선불 카드 충전 방법

선불카드의 금액이 모두 소진되면 가까운 슈퍼마켓, 우체국, 보다폰 대리점 등에서 재충전 영수증^{Recharge Voucher}를 구입할 수 있다. 각각 $20, $40, $50의 카드를 구입할 수 있으며, 12자리의 숫자로 된 디지털 코드를 입력한 후 887번으로 문자를 보내면 충전이 완료된다. 777번으로 전화를 걸어서 2번 메뉴를 누른 후 자동 응답의 설명에 따라서 12자리의 숫자로 된 디지털 코드를 입력하여 충전하는 방법도 있다.

심카드(Sim Card)

저렴한 뉴질랜드 휴대 전화

뉴질랜드에서 일하기 위해서는 국세청에서 발급해주는 납세번호인 IRD^{Inland Revenue Department} Number가 필요하다. IRD 번호가 있으면 급여를 받을 때 낮은 세율을 적용 받을 수 있고, 고용주 또한 IRD 번호를 요구한다. IRD 번호가 없으면 약 45%의 세율을 제하기 때문에 뉴질랜드에서 일을 할 예정이라면 신청해서 받는 것이 좋다. 은행에 IRD 번호를 알려주면 이자 소득에 대해서도 낮은 세율을 적용받을 수 있다.

IRD 번호 신청 장소

AA 운전면허 발급소 (AA Driver Licensing Agents)

우체국 및 지정된 우편물 취급소 (Postshops and selected NZ Post retail outlets)

가까운 Inland Revenue Office, 농장 지역의 Work & Income Office

또는 Pick NZ Office

키위 은행 (Kiwi Bank)

IRD 번호 신청 준비물

필수 서류 A

IRD 번호 신청서(IRD number application - individual IR595) - IR595 Form은 IRD 번호 신청 장소에 비치되어 있고, IRD 웹사이트 (www.ird.govt.nz) 에서도 다운로드 가능 / 여권 복사본(사진과 서명, 비자 정보가 있는 면 복사)

필수 서류 B (택 일)

국제운전면허증(유효기간과 사진이 있는 면 복사)

고용주의 추천서

뉴질랜드 18+ 카드

뉴질랜드 운전 면허증

뉴질랜드 어학원 학생증

Inland Revenue
Te Tari Taake

#IR595

IR 595
May 2008

OFFICE USE ONLY

IRD number issued/confirmed

IRD number application – individual

- Please read the **Notes** section before you complete this application
- Please complete this application using capital letters—don't use abbreviations

Children under 16

1. ■ If you are applying for a child, print your **own** IRD number here.

(8 digit numbers start in the second box. *12345678*)

Applicant information

2. ■ **Name** of applicant as shown on identity documents

First name(s) 이름

Surname 성

■ **Title** 성별 ☞ Mr   Mrs   Miss   Ms   Other

Preferred name First name(s)

Surname

3. ■ **Date of birth** 생년월일 ☞ 일 / 월 / 연도 Day / Month / Year

4. ■ **Please tick to show if you are:** ✓ applying for an IRD number   requesting confirmation of your IRD number

5. ■ **Country of birth** 출생국가 ☞ K O R E A

6. **Previous name** First name(s)

Surname

Address information

7. ■ **Residential address** (not a PO Box or private bag number)

현재 살고있는 주소
Street address

Suburb or RD   Town or city   Country   Postcode

Current postal address (only if it's different from your home or street address)

Street address

Suburb or RD   Town or city   Country   Postcode

■ **Previous address** (this will help us to confirm your IRD number if one may have been issued previously)

Street address

Suburb or RD   Town or city   Country   Postcode

8. ■ **Contact number(s)** (include area code)

연락처   휴대전화
Daytime   Evening   Fax   Mobile

이메일 주소
Email

Tax exemption and non-resident contractor information

9. ■ **Do you qualify for a temporary tax exemption on foreign income?**   Yes ✓ No

If "Yes", please print date of arrival in New Zealand.

Day   Month   Year

10. ■ **Are you a non-resident contractor?**   Yes ✓ No

Page 3 3

Declaration – please read carefully before signing

I declare that the information in this form is true and correct.

I authorise Inland Revenue to contact any agency that issued a document I have used in support of this application, to verify the details of that document for the purpose of this application.

I have read the privacy statement above before signing this declaration.

■ Signature   서 명   ■ Date   작성한 날짜
                                              Day   Month   Year

Verifier use only

Information verified by

Print name   Name of organisation and branch

Date
        Day   Month   Year

Notes

                                                                    Stamp

Inland Revenue use only

Identified by interview: (tick if applicable)   Date interviewed

Interview notes

Non-resident contractors/entertainers

Company

Employment start date

Employment end date

Page 4

IRD 번호 확인하기

    IRD 번호 신청서 제출 후 번호가 적혀있는 카드를 받기까지 약 8일~10일 정도 소요된다. 주소지를 옮겨서 카드를 받지 못했거나 카드를 받기 전에 번호를 확인하고 싶다면 전화로 번호를 확인할 수 있다. 0800 227 774로 전화를 하면 상담원과 통화할 수 있다. 전화 문의가 많아서 대기 시간이 오래 걸리기 때문에 되도록 오전에 전화하도록 하자. 상담원과 통화가 되면 본인 확인을 위한 이름, 생년월일, 신청한 주소 등을 물어보고 확인이 되면 IRD 번호를 알려준다.

IRD 번호 문의 : 0800 227 774

IRD 웹사이트 : www.ird.govt.nz

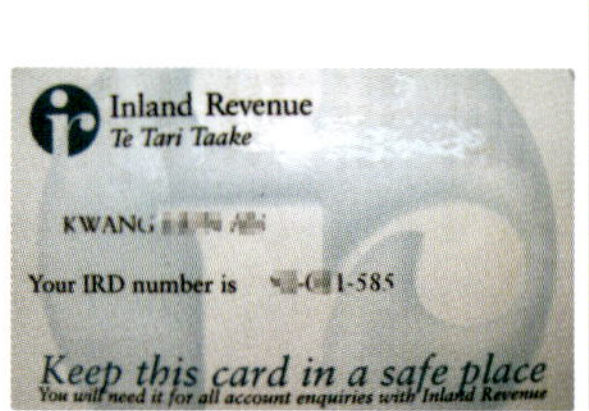

IRD 번호 카드 앞면

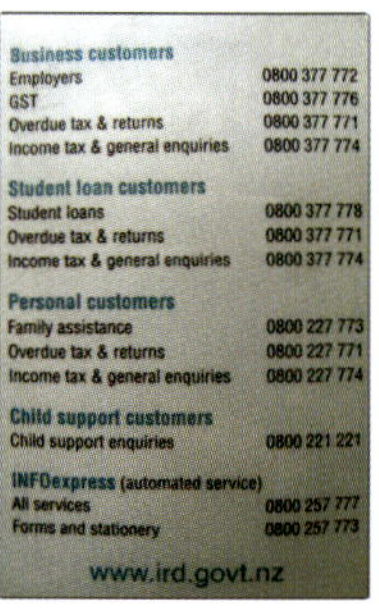

IRD 번호 카드 뒷면

각 지역별 IRD 사무실 위치

Whangarei	Takapuna	Manukau
72 Bank Street	AIA Building	Housing NZ Building
Fax : 09 986 6204	5 Byron Ave	17 Putney Way
	Fax : 09 970 2900	Fax : 09 984 3091
Tauranga	Hamilton	Rotorua
Regency House	Cnr Bryce Street and	Zen's Centre
1 Elizabeth Street	Claudelands Road	1135 Arawa Street
Fax : 07 927 2762	Fax : 07 959 7602	Fax : 07 921 0733
Napier	Gisborne	Palmerston North
The Library Building	Quay Point	47 Ashley Street
Civic Court	41 Reads Quay	Fax : 06 953 0712
22 Station Street	Fax : 06 867 3741	
Fax : 06 974 6211		
New Plymouth	Wellington	Nelson
Tasman Towers	NZ Post Headquarters	Civic House
52 Gill Street	7 Waterloo Quay	110 Trafalgar Street
Fax : 06 968 0632	Fax : 04 890 0008	Fax : 03 989 6201

워킹홀리데이 비자의 최대 기간은 12개월이지만 원예 또는 포도 재배 분야에서 3개월 이상 일을 한 워커들은 추가로 3개월 더 비자를 연장할 수 있다. 워킹 홀리데이메이커 연장 퍼밋 Working Holidaymaker Extension Work Permit 은 퍼밋을 받은 날부터 3개월간 유효하다.

1_WHE(Working Holidaymaker Extension) 신청 방법 & 준비물

_ 여권, 여권용 사진 2장
_ WHE 신청서(1153 Form)의 A, C, D, E, F, G, H Section 작성
_ WHE 워크 퍼밋 신청비(NZ$120)
_ 원예 또는 포도 재배 분야에서 3개월 이상 일을 했다는 증명서(고용주 추천서) 또는 IRD 세금 납부 증명서
_ 귀국편 항공권(사본), 또는 은행 잔고 증명서(NZ$1500 이상)
_ 모든 서류를 준비하여 가까운 이민성에서 신청하거나 우편으로 보낸다. 단, 온라인 신청은 불가능하다. (농장 지역에 따라 Work and Income Office 또는 PickNZ Office에서 수수료를 받고 대행해주는 곳도 있다.)
_ 이민성 직원이 특별히 요구하지 않으면 신체검사는 받지 않아도 된다.

이민성 전화문의 오클랜드 : 09 914 4100
오클랜드 이외의 지역 : 0508 558 855

각 지역별 뉴질랜드 이민성 지사의 우편 주소

Immigration New Zealand, PO BOX 76895, Auckland Mail Centre, Auckland
Immigration New Zealand, Private Bag 3013, Hamilton
Immigration New Zealand, PO Box 948, Palmerston North
Immigration New Zealand, PO Box 27149, Wellington
Immigration New Zealand, PO Box 22111, Christchurch
Immigration New Zealand, PO Box 557, Dunedin
Immigration New Zealand, PO Box 2354, Wakatipu (Queenstown)

2_ WHE(Working Holidaymaker Extension) 신청서 작성하기

WHE 워크 퍼밋 신청 서류는 총 8장으로 혼자 준비하는 워커는 Section A, C, D, E, H 까지만 작성하면 된다.

Application for a Work Permit
(under Supplementary Seasonal Employment
or Working Holidaymaker Extension Policies)

Immigration New Zealand
TE RATATU AA MANENE

For INZ Use Only	
Application No.	

IMPORTANT INFORMATION

Only use this application form if you are applying for a work permit under the Supplementary Seasonal Employment (SSE) Policy or the Working Holidaymaker Extension Policy.

Please note that you will only be eligible for a permit under these policies if you are currently in New Zealand.

To enable your application to be accepted you must submit all of the following documents. If you do not do so your application may be returned to you.

General Requirements

You must provide all of the following

- A completed, signed application form.
- The application fee.
- Your passport or travel document (which must be valid for three months past the date you plan to leave New Zealand).
- A recent passport size photograph attached to this form in the section indicated.
- Evidence of an outward ticket from New Zealand, or sufficient funds to buy one.
- Any documents required by the policy you are applying under, as detailed below.

For the purposes of the SSE and Working Holidaymaker Extension policies, seasonal work in the horticulture or viticulture industries is planting, picking, maintaining or harvesting crops.

SSE Work Permit Applicants

You must complete sections A, B, D, E, F, and G of this form.

Please note, you may only be approved a work permit under this policy once. There is a limit on the number of SSE work permit holders allowed which is set by INZ in consultation with the Ministry of Social Development. Your SSE work permit application may not be granted if there are no available places for SSE workers. To check if there are places currently available, please see our website www.immigration.govt.nz.

Conditions of the SSE Work Permit

This policy allows for the grant of permits for employment in seasonal work in the horticulture and viticulture industries, for employers who have been approved in principle under SSE policy.

Your permit will allow you to work for any employer who holds a current SSE approval in principle (or an approval in principle granted under the previous Transitioning to Recognised Seasonal Employer (TRSE) Policy). It will be granted for six months.

Working Holidaymaker Extension Applicants

You must complete sections A, C, D, E, F, and G of this form.

In addition to the general requirements above, you must provide evidence of having been employed to undertake seasonal work in the horticulture or viticulture industries for a period of at least three months during the currency of your working holiday scheme permit.

Conditions of the Working Holidaymaker Extension Work Permit

If approved a permit under the Working Holidaymaker Extension Policy, you will be able to work in New Zealand for an additional three months from the date your application is approved. Your label will be endorsed with the same conditions as your working holiday scheme permit.

Health

People who intend to be in New Zealand:

- **for more than six months** who are from a country, area or territory not listed as low incidence for tuberculosis (TB) or who have spent more than a total of three months in the past five years in a country, area or territory not listed as low incidence for TB must complete a *Temporary Entry X-ray Certificate* (NZIS 1096).
- **for more than 12 months** must complete a *Medical and Chest X-ray Certificate* (NZIS 1007).

Please note, applicants for the Working Holidaymaker Extension permit are not required to submit a medical certificate, regardless of the duration they have spent in New Zealand, unless requested to do so by an immigration officer.

Please refer to the *Health Requirements for Entry to New Zealand* (INZ 1121) for more details on immigration health policy and a list of low incidence TB countries, areas and territories.

1

Character

If you intend to be in New Zealand for two years or longer and you are aged 17 or over you must submit a police certificate from your country of citizenship and any country in which you have lived for five years or more since attaining the age of 17 years (or satisfactory evidence that you have never lived in that country).

Note: We may request additional information to enable your application to be determined.

Privacy Act

The information about you on this form is collected to determine your eligibility for a work permit and may also be used to contact you for research purposes or to advise you on immigration matters. The main recipient of the information is the Department of Labour but it may also be shared with other government agencies which are entitled to this information under applicable legislation, or with other agencies in accordance with an authority in the form. The address of the Department of Labour is PO Box 3705, Wellington, New Zealand. **This is not where your application should be sent.**

The collection of the information is authorised by the Immigration Act 1987 and the Immigration Regulations made under that Act. The supply of the information is voluntary, but if you do not supply it then your application is likely to be declined. You have a right to see the information about you held by Immigration New Zealand and to ask for any of it to be corrected if you think that is necessary.

Immigration Advisers Licensing Act 2007

Under the Immigration Advisers Licensing Act 2007, anyone giving immigration advice will have to be licensed (unless they are exempt). From 4 May 2009, all immigration advisers working in New Zealand must be licensed. From 4 May 2010, all immigration advisers, whether working onshore or offshore, must be licensed. It is an offence to provide immigration advice without holding a licence from these dates.

If your immigration adviser is not licensed when they should be, Immigration New Zealand will return your application.

For more information and to view the Register of licensed advisers, go to the Immigration Advisers Authority website www.iaa.govt.nz, or email info@iaa.govt.nz, or write to them at PO Box 6222, Wellesley Street, Auckland 1141, New Zealand.

Your application should be sent to your nearest Immigration New Zealand branch.

Section A — Personal Details

A1 Name as shown in passport

GIL DONG HONG

A2 Preferred title

☑ Mr ☐ Mrs ☐ Ms ☐ Miss ☐ Dr
☐ Other

A3 Other names you are known by

A4 Your name in ethnic script

Staple two recent passport-sized photographs of yourself below. Write your name on the back of each photograph.

4.5cm   4.5cm
3.5cm   3.5cm

A5 Gender ☑ Male ☐ Female

A6 Date of birth 25 | 06 | 85
day   month   year

A7 Place and country of birth

Place SEOUL   Country KOREA

A8 Passport details

Number JR1234567

Country KOREA   ☞ 여권정보

Expiry date 25 | 03 | 13
day   month   year

| A9 | Your citizenship | KOREA |

| A10 | Other citizenships currently held | |

A11 Partnership status
배우자 정보

☐ Married ☑ Never married ☐ Partner ☐ Separated
☐ Engaged ☐ Widowed ☐ Divorced ☐ Civil union
☐ Never in a civil union ☐ Dissolved civil union

A12 I may be contacted at this New Zealand residential address and telephone number

Address — 현재 살고 있는 뉴질랜드 주소

Telephone number — 전화번호 Mobile number — 휴대전화

Email address — 이메일 주소

I give permission for INZ to contact me to inform me about work opportunities in the horticulture and viticulture industries. (Please note: your answer to this question will not affect the outcome of your application.)
☐ Yes ☐ No ☜ INZ에 정보를 제출하여 일자리 정보를 받을 것인가? (수수료 없음)

A13 Name and address for communication about this application.
☑ Same as address at A12. ☐ Other

Name	Telephone (day)
Address	Telephone (night)
	Email (if any)
	Fax (if any)

A14 Do you authorise the person stated at A13 to act on your behalf?
☑ Yes ☐ No

A15 Have you received immigration advice on this application?
☐ Yes Please make sure that your immigration adviser completes Section F. Immigration Adviser's Details.
☑ No ☜ 혼자서 신청서를 작성하는 경우에 체크

Section B   SSE Work Permit

B1 Have you previously been granted a work permit under the TRSE or SSE Policy? ☐ Yes ☐ No

B2 Since your most recent entry to New Zealand, have you held any type of work permit (including a working holiday permit)? ☐ Yes ☐ No

Note: If you have answered Yes to either B1 or B2, you are not eligible for a work permit under SSE policy. If you hold a working holiday permit you may be eligible for a working holidaymaker extension permit, see Section C. Working Holiday Extension Permit.

B3 Do you have an outward travel ticket or sufficient funds to purchase an outward travel ticket? ☐ Yes ☐ No
Please attach evidence of your outward travel ticket or funds.

3

　C1에서 워킹홀리데이를 시작한 날짜를 기입한다. C2에는 3개월 이상 농장일을 했던 내용을 기입한다. 한 고용주 밑에서 3개월 이상 일하지 못하기 때문에 주의하도록 하자. C3은 리턴 항공권이나 항공권을 살 수 있는 충분한 돈이 있는지 확인하는 란이므로 YES에 체크한다. Section D에서는 건강과 신상 기록에 대한 정보를 체크한다.

Section C　Working Holidaymaker Extension Permit

C1 What was the start date of your working holiday in New Zealand?　| day | month | year |　☞ 워킹 홀리데이를 시작한 날짜

C2 Please list the seasonal work you have undertaken in New Zealand during your working holiday below (attach additional pages to this form if necessary).

Name and contact details of employer	Position (planting/maintaining/harvesting/packing)	Start date of employment	Finish date of employment
Name: ☞ 고용주(회사) 이름 Address: ☞ 고용주(회사) 주소 Phone number: ☞ 회사 연락처	포지션(일의 종류)	시작한 날짜	끝마친 날짜
Name: Address: Phone number:			
Name: Address: Phone number:			
Name: Address: Phone number:			

Please make sure you attach evidence of all periods of seasonal work in the horticulture and viticulture industries to this application form (eg a letter from the employer, tax statements from IRD).

C3 Do you have an outward travel ticket or sufficient funds to purchase an outward travel ticket?　☑ Yes　☐ No

Please attach evidence of your outward travel ticket or funds.　☞ 리턴 항공권 또는 항공권을 살 여유 자금이(NZ$1500 이상) 있는가?

Section D　Health and Character Details

D1 Have you been:
- convicted　☞ 유죄선고　☐ Yes ☑ No
- charged　☞ 고발/고소　☐ Yes ☑ No
- under investigation　☞ 조사중　☐ Yes ☑ No

for any offence(s) against the law in any country; or
- deported　☞ 강제 추방　☐ Yes ☑ No
- excluded (refused entry)　☞ 입국 거부　☐ Yes ☑ No
- removed　☞ 면직, 파면　☐ Yes ☑ No

from any country?

If you have marked Yes to any of the above, please provide details below.

D2 Do you have pulmonary tuberculosis (TB)?　☞ 폐 결핵　☐ Yes ☑ No

D3 Do you have any medical condition(s) that currently requires, or may require during your stay in New Zealand:
- Renal dialysis　☞ 신장 투석　☐ Yes ☑ No
- hospitalisation　☞ 병원 치료　☐ Yes ☑ No
- residential care*　☞ 장기 요양　☐ Yes ☑ No

*Residential care is long-term care provided in a live-in facility such as an aged person's facility or a facility for people with a physical, sensory, intellectual or psychiatric disability.

4

F와 G는 WHE 퍼밋에 대한 대행이나 이민성의 승인을 받은 조언자에게 설명을 듣고 신청서를 작성했는지 묻는 란이기 때문에 스스로 준비를 한다면 F와 G는 생략하도록 하자.

If you have answered Yes to any of the questions at D2 or D3, please provide details below.

D4 Are you required to submit a police certificate? (See 'Character' information on page 2.) ☐ Yes ☑ No

D5 Are you required to submit a medical certificate? ☜ 신체검사 결과 서류를 제출할 필요가 있는가? ☐ Yes Go to D6 ☐ No Go to D10

Applicants for the Working Holidaymaker Extension permit are not required to submit a medical certificate regardless of the duration they have spent in New Zealand unless requested to do so by an immigration officer.

D6 Have you submitted a medical certificate with another Immigration New Zealand application that was lodged in the last 24 months? ☜ 과거 신검서류 제출여부 ☐ Yes Go to D7 ☐ No Go to D8

D7 Please provide details of the type and date of the previous application. ☜ 신체검사 서류의 종류

Type of application [＿＿＿＿＿＿] Date of application [＿｜＿｜＿] day month year

We will advise you if we need you to submit additional information, such as tests, reports or a new certificate at a later date.

D8 Have you attached a completed *Temporary Entry X-ray Certificate* (NZIS 1096)? ☐ Yes ☐ No ☜ 6~11개월

D9 Have you attached a completed *Medical and Chest X-ray Certificate* (NZIS 1007)? ☐ Yes ☐ No ☜ 12개월~

D10 Are you pregnant? ☐ Yes ☐ No ☜ 임신여부

Section E — Declaration

I understand the questions and contents of this form, and the information I have provided is true and correct.

I understand that if, between the time that I make this application and the time it is decided, any relevant matter relating to the application changes, I am obliged to inform Immigration New Zealand (INZ). I understand I am responsible for making sure I leave New Zealand before my permit expires and that if I do not I may face removal action.

Short-term work permit holders are generally not eligible for publicly-funded health and disability services. People covered by New Zealand's Reciprocal Health Agreements with Australia and the United Kingdom are entitled to publicly funded health care for immediately necessary medical treatment only. I understand that if not entitled to free treatment, I will pay for any health care or medical assistance I may require in New Zealand.

I understand that if I have received immigration advice from an immigration adviser and if that immigration adviser is not licensed under the Immigration Advisers Licensing Act 2007 when they should be, INZ will return my application.

I authorise INZ to provide information about my state of health and my immigration status to any health service agency. I authorise any health service agency to provide information about my state of health to INZ.

I authorise INZ to make any enquiries it considers necessary in respect of information provided on this form in order to make a decision on this application and enquiries about my subsequent immigration status. I authorise any agency which holds information (including personal information) relevant to those matters to disclose that information to INZ.

Signature of applicant [서명] Date [＿｜＿｜＿] day month year ☜ 신청 날짜

Section F — Immigration Adviser's Details

This section must be completed by the applicant's immigration adviser. If the applicant does not have an immigration adviser, this section does not have to be completed.

F1 Have you been lawfully present in New Zealand for more than 183 days in the last 12 months? ☐ Yes ☐ No

F2 Tick the one option that applies to you.

☐ I am a licensed immigration adviser under the New Zealand Immigration Advisers Licensing Act 2007. Go to F3
☐ I am exempt from licensing under the New Zealand Immigration Advisers Licensing Act 2007. Go to F4
☐ I am an unlicensed immigration adviser. Go to Section G. Declaration By Person Helping the Applicant to Complete This Form.

If you are unlicensed when you should be licensed under the Immigration Advisers Licensing Act 2007, Immigration New Zealand will return your client's application. It is an offence to provide immigration advice without holding a licence, unless you are exempt.

5

F3 Licensed advisers. Please provide your licence details.
Licence type ☐ full ☐ provisional ☐ limited. List conditions specified in the Register.

Licence number | 2 | 0 | | | | | | | | Go to Section G. Declaration By Person Helping the Applicant to Complete This Form.

F4 Exempt from licensing. Tick one box below to show why you are exempt from licensing.
☐ I provided immigration advice in an informal or family context only, and I did not provide the advice systematically or for a fee.
☐ I am a New Zealand member of Parliament or member of their staff and I provided immigration advice as part of my employment agreement.
☐ I am a foreign diplomat or consular staff.
☐ I am an employee of the New Zealand public service and I provided immigration advice within the scope of my employment agreement.
☐ I am a lawyer and I hold a current practising certificate as a barrister or as a barrister and solicitor of the High Court of New Zealand.
☐ I am employed by, or I am working as a volunteer for, a New Zealand community law centre where at least one lawyer is on the employing body of the community law centre or is employed by or working as a volunteer for the community law centre in a supervisory capacity.
☐ I am employed by, or I am working as a volunteer for, a New Zealand citizens advice bureau.
☐ I provided immigration advice offshore in relation to applications or potential applications for student visas or student permits only.

Go to Section G. Declaration By Person Helping the Applicant to Complete This Form.

| **Section G** | **Declaration by Person Helping the Applicant to Complete this Form** |

This section must be completed and signed by the applicant's immigration adviser, or by any person who has assisted the applicant by providing immigration advice, explaining, translating, or filling in the form for the applicant. If the applicant does not have an immigration adviser, and no one helped them to fill in this form, this section does not have to be completed.

If you are unlicensed when you should be licensed under the Immigration Advisers Licensing Act 2007, Immigration New Zealand will return your client's application. It is an offence to provide immigration advice without holding a licence.

For more information, go to the Immigration Advisers Authority website www.iaa.govt.nz, or email info@iaa.govt.nz or write to them at PO Box 6222, Wellesley Street, Auckland 1141, New Zealand.

Name and address of person assisting applicant. ☐ Same as address given at Question A13, or ☐ as below.

Name (include company name if applicable) and address	Telephone (day)
	Telephone (night)
	Email (if any)
	Fax (if any)

I understand that after the applicant has signed this form it is an offence to change or add further information, change any documents attached to the form, or attach any further documents to the form.

I note that the maximum penalty for this offence is a fine of up to NZ$100,000 and/or a term of imprisonment of up to seven years. However, if changes are needed, the person making the changes must state on the form what information or documents have been changed and give reasons for the changes.

I certify that the applicant asked me to help them complete this form and any additional forms. I certify that the applicant agreed that the information provided was correct before signing the declaration.

☐ I have **assisted** the applicant as an interpreter/translator
☐ I have **assisted** the applicant with filling in the form
☐ I have **assisted** the applicant in another way. Please specify

☐ I have provided immigration advice (as defined in the Immigration Advisers Licensing Act 2007) and my details in Section F. Immigration Adviser's Details are correct.

Signature of person assisting | | **Date** | | | |
Day Month Year

6

Section H에서는 결제 금액과 결제 수단을 체크한다. 결제는 은행 수표(Cheque), EFT-POS, 신용카드로 가능하다. 신청 수수료 란에 $120를 기입한다.

3_WHE(Working Holidaymaker Extension) 신청시 주의할 점

이민성에서는 WHE 워크 퍼밋을 신청하고 퍼밋을 받기까지 보통 70일이 걸린다고 한다. 그래서 WHE 워크 퍼밋은 워킹홀리데이 비자가 끝나기 2달 전에 신청하는 것이 좋다. 워킹홀리데이 연장 퍼밋은 승인된 날부터 3개월간 유효하다. 그런데 프로세싱 기간에 따라 그보다 더 빨리 퍼밋이 나올 수 있다. 예를 들어, 워킹홀리데이 비자가 6월 30일에 끝나서 70일에 맞춰 WHE 퍼밋을 4월 말에 신청했는데 프로세싱이 빨리 끝나서 한 달 만인 5월 중순에 퍼밋이 나왔다면, 5월 중순부터 3개월 연장이기 때문에 8월 중순까지 퍼밋이 유효하게 된다. 결국 2달 밖에 연장이 안 된 것이다. 반대로 퍼밋이 빨리나올 경우를 생각해서 워킹홀리데이 비자가 끝나기 한 달 전인 5월 말에 신청했는데 정상적으로 70일이 걸려 7월 말에 퍼밋이 나온다면 7월 한 달은 무비자(프로세싱 기간 중에는 비자가 끝나더라도 체류할 수 있다.)로 체류하게 되어 퍼밋이 나올 때까지 일을 할 수 없게 된다. 이렇게 여러 가지 변수가 많기 때문에 퍼밋을 신청하기 전에 이민성 직원에게 정확한 프로세싱 기간을 확인하고, 그 기간에 맞춰 WHE 퍼밋을 신청하자. WHE 워크 퍼밋이 빨리 나와서 기간을 손해 본다면 신청한 이민성에 가서 상담을 받도록 하자.

뉴질랜드 농장에서 일하기 위해서는 워크 퍼밋^{Work Permit}이 필요하다. 관광 비자일 경우 일을 하지 못하지만 일손이 부족한 지역에서는 관광 비자를 가진 사람도 SSE^{Supplementary Seasonal Employment} 퍼밋을 신청해서 최대 6개월까지 농장일을 할 수 있다. SSE 워크 퍼밋은 일하는 지역이 정해져 있고, SSE에 승인을 받은 고용주 밑에서만 일할 수 있다. 또한 고용할 수 있는 인원이 한정되어 있기 때문에 바쁜 시즌에는 일자리를 찾기 힘들 수도 있다. SSE 워크 퍼밋은 승인을 받은 날부터 6개월 동안 일 할 수 있으며, 뉴질랜드 내에서만 신청할 수 있는 일시적인 단기 워크 퍼밋으로 2009년 7월 27일부터 신청이 가능하게 되었다. SSE 퍼밋은 지역에 따라 인원이 정해져 있기 때문에 현재 지역에서 신청이 가능한지 확인하고 신청하도록 하자.

1_SSE 워크 퍼밋 신청 자격

만 18세 이상 / 뉴질랜드에 있는 자 / 신체검사 결과에 이상이 없는 자
과거에 TRSE 워크 퍼밋이나 SSE 워크 퍼밋으로 일을 하지 않은 자
다른 어떤 타입의 워크 퍼밋(워킹 홀리데이 포함)을 가지고 있지 않은 자

2_SSE 워크 퍼밋 신청 장소

농장 지역의 Work & Income Office / 농장 지역의 Pick NZ Office
뉴질랜드 이민성 농장 지역의 직업소개소에서 신청하면 더 빨리 받을 수 있다.

3_SSE 워크 퍼밋 신청 준비물

_ 여권, 여권용 사진 2장
_ SSE 워크 퍼밋 신청서(INZ 1153 Form)의 A, B, D, E, F, G, H 란 작성
  (SSE 워크 퍼밋 신청서는 신청 장소에 비치되어 있고, 뉴질랜드 이민성 홈페이지에서도 다운 받을 수 있다.)
_ SSE 워크 퍼밋 신청비(NZ$200)
_ 귀국편 항공권(사본) 또는 은행 잔고 증명서(NZ$1500 이상)

(뉴질랜드 체류 예정 기간에 따라 받는 항목이 다르다. 체류 예정 기간은 이미 뉴질랜드에 체류한 기간을 포함해서 계산한다. 예를 들어, 뉴질랜드에서 관광비자로 3개월 동안 있었고, SSE 워크 퍼밋을 받아서 6개월 더 체류할 예정이라면 총 6개월 이상 뉴질랜드에 체류할 예정이기 때문에 가까운 병원에서 신체검사(Temporary Entry X-ray Certificate)를 받고, 신체검사 결과 서류를 함께 제출하면 된다. 총 6개월 미만으로 체류 예정이라면 신체검사 서류를 제출하지 않아도 된다. 자세한 내용은 신청하기 전에 사무실 직원에게 다시 한번 확인하도록 하자.)

6개월 미만 체류 예정 _ 신체검사 생략

6개월 이상 ~ 11개월 이하 체류 예정 _ Temporary Entry X-ray Certificate(NZIS 1096)

12개월 이상 체류 예정 _ Medical and Chest X-ray Certificate(NZIS 1007)

4_SSE 워크 퍼밋 신청서 작성하기

SSE 신청 서류는 총 8장으로 혼자 준비하는 사람은 Section A, B, D, E, H 까지만 작성하면 된다.

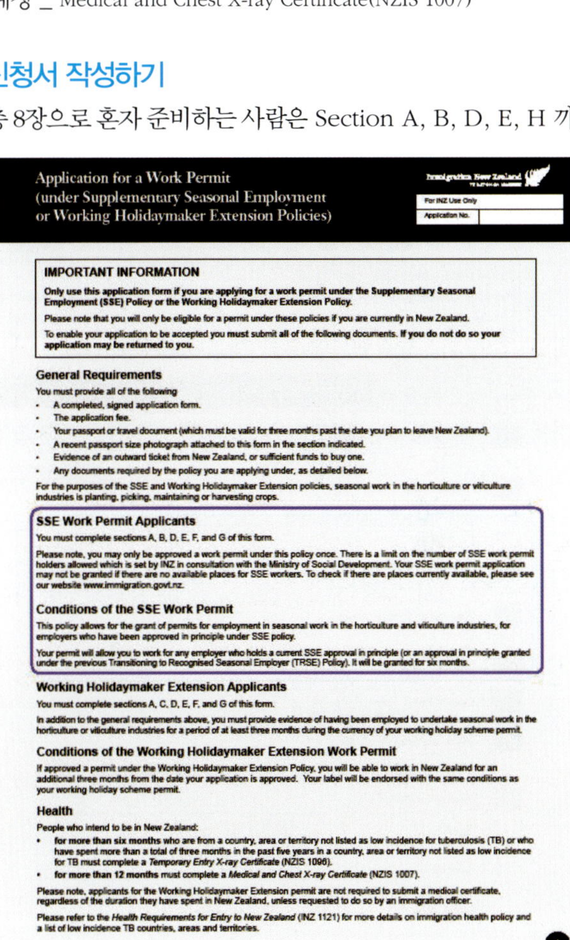

Application for a Work Permit
(under Supplementary Seasonal Employment
or Working Holidaymaker Extension Policies)

Immigration New Zealand

For INZ Use Only

Application No.

IMPORTANT INFORMATION

Only use this application form if you are applying for a work permit under the Supplementary Seasonal Employment (SSE) Policy or the Working Holidaymaker Extension Policy.

Please note that you will only be eligible for a permit under these policies if you are currently in New Zealand.

To enable your application to be accepted you must submit all of the following documents. If you do not do so your application may be returned to you.

General Requirements

You must provide all of the following

- A completed, signed application form.
- The application fee.
- Your passport or travel document (which must be valid for three months past the date you plan to leave New Zealand).
- A recent passport size photograph attached to this form in the section indicated.
- Evidence of an outward ticket from New Zealand, or sufficient funds to buy one.
- Any documents required by the policy you are applying under, as detailed below.

For the purposes of the SSE and Working Holidaymaker Extension policies, seasonal work in the horticulture or viticulture industries is planting, picking, maintaining or harvesting crops.

SSE Work Permit Applicants

You must complete sections A, B, D, E, F, and G of this form.

Please note, you may only be approved a work permit under this policy once. There is a limit on the number of SSE work permit holders allowed which is set by INZ in consultation with the Ministry of Social Development. Your SSE work permit application may not be granted if there are no available places for SSE workers. To check if there are places currently available, please see our website www.immigration.govt.nz.

Conditions of the SSE Work Permit

This policy allows for the grant of permits for employment in seasonal work in the horticulture and viticulture industries, for employers who have been approved in principle under SSE policy.

Your permit will allow you to work for any employer who holds a current SSE approval in principle (or an approval in principle granted under the previous Transitioning to Recognised Seasonal Employer (TRSE) Policy). It will be granted for six months.

Working Holidaymaker Extension Applicants

You must complete sections A, C, D, E, F, and G of this form.

In addition to the general requirements above, you must provide evidence of having been employed to undertake seasonal work in the horticulture or viticulture industries for a period of at least three months during the currency of your working holiday scheme permit.

Conditions of the Working Holidaymaker Extension Work Permit

If approved a permit under the Working Holidaymaker Extension Policy, you will be able to work in New Zealand for an additional three months from the date your application is approved. Your label will be endorsed with the same conditions as your working holiday scheme permit.

Health

People who intend to be in New Zealand:

- **for more than six months** who are from a country, area or territory not listed as low incidence for tuberculosis (TB) or who have spent more than a total of three months in the past five years in a country, area or territory not listed as low incidence for TB must complete a *Temporary Entry X-ray Certificate* (NZIS 1096).
- **for more than 12 months** must complete a *Medical and Chest X-ray Certificate* (NZIS 1007).

Please note, applicants for the Working Holidaymaker Extension permit are not required to submit a medical certificate, regardless of the duration they have spent in New Zealand, unless requested to do so by an immigration officer.

Please refer to the *Health Requirements for Entry to New Zealand* (INZ 1121) for more details on immigration health policy and a list of low incidence TB countries, areas and territories.

Section A에 개인 정보를 기입한다.

Character

If you intend to be in New Zealand for two years or longer and you are aged 17 or over you must submit a police certificate from your country of citizenship and any country in which you have lived for five years or more since attaining the age of 17 years (or satisfactory evidence that you have never lived in that country).

Note: We may request additional information to enable your application to be determined.

Privacy Act

The information about you on this form is collected to determine your eligibility for a work permit and may also be used to contact you for research purposes or to advise you on immigration matters. The main recipient of the information is the Department of Labour but it may also be shared with other government agencies which are entitled to this information under applicable legislation, or with other agencies in accordance with an authority in the form. The address of the Department of Labour is PO Box 3705, Wellington, New Zealand. **This is not where your application should be sent.**

The collection of the information is authorised by the Immigration Act 1987 and the Immigration Regulations made under that Act. The supply of the information is voluntary, but if you do not supply it then your application is likely to be declined. You have a right to see the information about you held by Immigration New Zealand and to ask for any of it to be corrected if you think that is necessary.

Immigration Advisers Licensing Act 2007

Under the Immigration Advisers Licensing Act 2007, anyone giving immigration advice will have to be licensed (unless they are exempt). From 4 May 2009, all immigration advisers working in New Zealand must be licensed. From 4 May 2010, all immigration advisers, whether working onshore or offshore, must be licensed. It is an offence to provide immigration advice without holding a licence from these dates.

If your immigration adviser is not licensed when they should be, Immigration New Zealand will return your application.

For more information and to view the Register of licensed advisers, go to the Immigration Advisers Authority website www.iaa.govt.nz, or email info@iaa.govt.nz, or write to them at PO Box 6222, Wellesley Street, Auckland 1141, New Zealand.

Your application should be sent to your nearest Immigration New Zealand branch.

Section A — Personal Details

A1 Name as shown in passport
GIL DONG HONG

A2 Preferred title
☑ Mr ☐ Mrs ☐ Ms ☐ Miss ☐ Dr
☐ Other

A3 Other names you are known by

A4 Your name in ethnic script

A5 Gender ☑ Male ☐ Female

A6 Date of birth 25 | 06 | 85
day month year

A7 Place and country of birth
Place **SEOUL**   Country **KOREA**

A8 Passport details
Number   **JR1234567**
Country   **KOREA**   ☜ 여권정보
Expiry date 25 | 03 | 13
day month year

2

Section B는 SSE 워크 퍼밋 관련 내용이다.

아래 내용에 해당이 안된다면 퍼밋 신청이 불가능하다.

B1 : 최근에 TRSE 퍼밋이나 SSE 퍼밋을 받은적이 있는가? NO에 체크!

B2 : 다른 어떤 타입의 워크 퍼밋(워킹홀리데이 포함)을 가지고 있는가? NO에 체크!

B3 : 귀국편 항공권이나 항공권을 살 수 있는 돈(NZ$1500 이상)이 있는가? YES에 체크!

A9 Your citizenship

KOREA

A10 Other citizenships currently held

A11 Partnership status
배우자 정보

- [ ] Married
- [x] Never married
- [ ] Partner
- [ ] Separated
- [ ] Engaged
- [ ] Widowed
- [ ] Divorced
- [ ] Civil union
- [ ] Never in a civil union
- [ ] Dissolved civil union

A12 I may be contacted at this New Zealand residential address and telephone number

Address   현재 살고 있는 뉴질랜드 주소

Telephone number   전화번호   Mobile number   휴대전화

Email address   이메일 주소

I give permission for INZ to contact me to inform me about work opportunities in the horticulture and viticulture industries. (Please note: your answer to this question will not affect the outcome of your application.)

- [ ] Yes
- [ ] No   INZ에 정보를 제출하여 일자리 정보를 받을 것인가? (수수료 없음)

A13 Name and address for communication about this application.

- [x] Same as address at A12.
- [ ] Other

Name	Telephone (day)
Address	Telephone (night)
	Email (if any)
	Fax (if any)

A14 Do you authorise the person stated at A13 to act on your behalf?

- [x] Yes
- [ ] No

A15 Have you received immigration advice on this application?

- [ ] Yes Please make sure that your immigration adviser completes Section F. Immigration Adviser's Details.
- [x] No   혼자서 신청서를 작성하는 경우에 체크

Section B — SSE Work Permit

B1 Have you previously been granted a work permit under the TRSE or SSE Policy?   [ ] Yes [x] No

B2 Since your most recent entry to New Zealand, have you held any type of work permit (including a working holiday permit)?   [ ] Yes [x] No

Note: If you have answered Yes to either B1 or B2, you are not eligible for a work permit under SSE policy. If you hold a working holiday permit you may be eligible for a working holidaymaker extension permit, see **Section C. Working Holiday Extension Permit.**

B3 Do you have an outward travel ticket or sufficient funds to purchase an outward travel ticket?   [x] Yes [ ] No

Please attach evidence of your outward travel ticket or funds.

3

Section D에서는 건강과 신상 기록에 대한 내용을 체크한다.

<table>
<tr><td>Section C</td><td colspan="4">Working Holidaymaker Extension Permit</td></tr>
</table>

C1 What was the start date of your working holiday in New Zealand? | | | day month year

C2 Please list the seasonal work you have undertaken in New Zealand during your working holiday below (attach additional pages to this form if necessary).

Name and contact details of employer	Position (planting/maintaining/harvesting/packing)	Start date of employment	Finish date of employment
Name: Address: Phone number:			
Name: Address: Phone number:			
Name: Address: Phone number:			
Name: Address: Phone number:			

Please make sure you attach evidence of all periods of seasonal work in the horticulture and viticulture industries to this application form (eg a letter from the employer, tax statements from IRD).

C3 Do you have an outward travel ticket or sufficient funds to purchase an outward travel ticket? ☐ Yes ☐ No

Please attach evidence of your outward travel ticket or funds.

<table>
<tr><td>Section D</td><td>Health and Character Details</td></tr>
</table>

D1 Have you been:

- convicted   유죄선고   ☐ Yes ☑ No
- charged   고발/고소   ☐ Yes ☑ No
- under investigation   조사중   ☐ Yes ☑ No

for any offence(s) against the law in any country; or

- deported   강제 추방   ☐ Yes ☑ No
- excluded (refused entry)   입국 거부   ☐ Yes ☑ No
- removed   면직, 파면   ☐ Yes ☑ No

from any country?

If you have marked Yes to any of the above, please provide details below.

D2 Do you have pulmonary tuberculosis (TB)?   폐 결핵   ☐ Yes ☑ No

D3 Do you have any medical condition(s) that currently requires, or may require during your stay in New Zealand:

- Renal dialysis   신장 투석   ☐ Yes ☑ No
- hospitalisation   병원 치료   ☐ Yes ☑ No
- residential care*   장기 요양   ☐ Yes ☑ No

*Residential care is long-term care provided in a live-in facility such as an aged person's facility or a facility for people with a physical, sensory, intellectual or psychiatric disability.

4

　　신체검사를 받을 필요가 있는지 확인한 후 D5에 체크한다. 만약 신체검사 결과 서류를 첨부해야 한다면 Yes에 체크를 하고, 다음 사항을 체크한다. 마지막으로 임신여부를 묻는 D10을 체크한다. Section E에서 서명을 하고 날짜를 기입한다. 혼자 신청서를 작성한다면 F와 G를 생략한다.

If you have answered **Yes** to any of the questions at D2 or D3, please provide details below.

D4 Are you required to submit a police certificate? (See 'Character' information on page 2.) ☐ Yes ☑ No

D5 Are you required to submit a medical certificate? ☜ 신체검사 결과 서류를 제출할 필요가 있는가?
☐ Yes　Go to D6
☐ No　Go to D10

Applicants for the Working Holidaymaker Extension permit are not required to submit a medical certificate regardless of the duration they have spent in New Zealand unless requested to do so by an immigration officer.

D6 Have you submitted a medical certificate with another Immigration New Zealand application that was lodged in the last 24 months? ☜ 과거 신검서류 제출여부
☐ Yes　Go to D7
☐ No　Go to D8

D7 Please provide details of the type and date of the previous application. ☜ 신체검사 서류의 종류

Type of application ____________________　Date of application ____________
　　　　　　　　　　　　　　　　　　　　　　　　　　　　day　month　year

We will advise you if we need you to submit additional information, such as tests, reports or a new certificate at a later date.

D8 Have you attached a completed *Temporary Entry X-ray Certificate* (NZIS 1096)? ☐ Yes ☐ No ☜ 6~11개월

D9 Have you attached a completed *Medical and Chest X-ray Certificate* (NZIS 1007)? ☐ Yes ☐ No ☜ 12개월~

D10 Are you pregnant? ☐ Yes ☐ No ☜ 임신여부

Section E　Declaration

I understand the questions and contents of this form, and the information I have provided is true and correct.

I understand that if, between the time that I make this application and the time it is decided, any relevant matter relating to the application changes, I am obliged to inform Immigration New Zealand (INZ). I understand I am responsible for making sure I leave New Zealand before my permit expires and that if I do not I may face removal action.

Short-term work permit holders are generally not eligible for publicly-funded health and disability services. People covered by New Zealand's Reciprocal Health Agreements with Australia and the United Kingdom are entitled to publicly funded health care for immediately necessary medical treatment only. I understand that if not entitled to free treatment, I will pay for any health care or medical assistance I may require in New Zealand.

I understand that if I have received immigration advice from an immigration adviser and if that immigration adviser is not licensed under the Immigration Advisers Licensing Act 2007 when they should be, INZ will return my application.

I authorise INZ to provide information about my state of health and my immigration status to any health service agency. I authorise any health service agency to provide information about my state of health to INZ.

I authorise INZ to make any enquiries it considers necessary in respect of information provided on this form in order to make a decision on this application and enquiries about my subsequent immigration status. I authorise any agency which holds information (including personal information) relevant to those matters to disclose that information to INZ.

Signature of applicant ［ 서명 ］　Date ____________ ☜ 신청 날짜
　　　　　　　　　　　　　　　　　　　day　month　year

Section F　Immigration Adviser's Details

This section must be completed by the applicant's immigration adviser. If the applicant does not have an immigration adviser, this section does not have to be completed.

F1 Have you been lawfully present in New Zealand for more than 183 days in the last 12 months? ☐ Yes ☐ No

F2 Tick the one option that applies to you.
☐ I am a licensed immigration adviser under the New Zealand Immigration Advisers Licensing Act 2007. Go to F3
☐ I am exempt from licensing under the New Zealand Immigration Advisers Licensing Act 2007. Go to F4
☐ I am an unlicensed immigration adviser. Go to Section G. Declaration By Person Helping the Applicant to Complete This Form.

If you are unlicensed when you should be licensed under the Immigration Advisers Licensing Act 2007, Immigration New Zealand will return your client's application. It is an offence to provide immigration advice without holding a licence, unless you are exempt.

5

Section H에서는 결제 금액과 결제 수단을 체크한다. 결제는 은행 체크, EFTPOS, 신용 카드 등으로 가능하다.

Section H — **Fee Payment Details**

I am paying (amount) $200   Currency NZD

For INZ office use only
Application number

Preferred methods of payment ☜ 결제 수단

☐ Bank cheque/Bank draft   ☐ EFTPOS*   ☐ Credit card

*Note the EFTPOS option is not available if lodging application by mail.

Credit card* (specify type)   Mastercard ☐   Visa ☐   ☜ 결제 수단으로 신용카드를 체크했을 때 작성한다.

Name of cardholder   Card number   Expiry date

Signature of cardholder   day month year

The following methods of payment can be used but are not recommended for the noted reasons:

☐ Personal cheque   Your application will be held for 10 working days to ensure the cheque has cleared before it will be processed.

☐ Cash   Cash should not be sent through the mail for security reasons.

Note:
- Money orders are not an acceptable form of payment.
- Please see our leaflet *Fees Guide – a Guide to Immigration New Zealand's Fees* (INZ 1028). All current fees and specific payment instructions for branches can be found on the INZ website at www.immigration.govt.nz.

Collection Details

☐ I wish to collect my documents when ready.
(Note: This option is not available to applicants in the Auckland region).   ☜ 준비가 되는대로 모든 서류를 돌려받기 원한다.

☐ Please return all documents to me by 'secure' post at the address given.   ☜ 기입한 주소로 안전하게 모든 서류를 돌려받기 원한다.

To be removed and securely destroyed after credit card transaction is processed.

*Your CVC/CVV number is required if you are paying by electronic credit card and your application is being lodged at Immigration New Zealand's Bangkok branch or London branch, or the MFAT post in The Hague.

If your application will be lodged in one of these three branches, please provide your CVC/CVV number here

☐   Note: Your CVC/CVV number is the three-digit number found on the back of your credit card next to the signature strip.

7

북섬 (North Island)	남섬 (South Island)
Northland : Melanie Chandler-Winters Ph: +64 27 668 5384 +0800 PICKNZ (742 569)	Marlborough : Irene James236 High St Motueka Ph:+0800 PICKNZ (742 569)
Bay of Plenty : Ian Stewart Te Puke Community Centre, 100 Jellicoe St Te Puke Ph: 021 348848	Nelson : Ann Riley 236 High St Motueka Ph:+0800 PICKNZ (742 569)
Hawkes Bay : Marya Hopman Williams & Kettle siteMaraekakaho RdHastings Ph: 06 870 8540	Central Otago : Trudi Hull 50 Tarbert St, Alexandra Ph: +0800 PICKNZ (742 569)
Waikato : Lynda Hawes 542B Grey StHamilton Ph: +64 27 668 5384 +0800 PICKNZ (742 569)	
Wairarapa : Stephanie Gundersen-Reid 316 Queen St Masterton Ph: +64 6 370 0913 +0800 PICKNZ (742 569)	

※ SSE 워크 퍼밋으로 일할 수 있는 지역과 고용주는 시즌에 따라 자주 바뀌기 때문에 반드시 최신 정보를 이민성 사이트에서 확인해야 한다.

6_ SSE 고용주 리스트 (2009년 12월 기준)

	회사 이름	주 소	연락처
북섬	Davies Horticultural Services Ltd	PO Box 823, 2 Inlet Road, **Kerikeri**	09 4079405
	Orangewood Limited	311 Kapiro Road, RD1 **Kerikeri**	09 4079839
남섬	Vinewise Viticulture Ltd	PO Box 499, **Wanaka**	03 4450123
	Summerfruit Orchards Ltd	Rapid 253 Strode Road, RD1 Earnscleugh, **Alexandra**	03 4492203
	Grape Vision Ltd	128 Cairnmuir Road, **RD2 Cromwell**	027 4450602
	Fortune Fruit Company Ltd	PO Box 108, **Cromwell**	03 4453504
	45 South Management Ltd	PO Box 46, **Cromwell**	03 4451402
	Seasonal Solutions Co opertive Ltd	18 Kerry Court, **Cromwell**	03 4402092
	Suncrest Orchard Ltd	PO Box 19, **Cromwell**	03 4450467
	Tarras Vineyard Ltd	Maori Point Rd, Rapid No.233 3RD, **Cromwell**	027 4466877
	CAJ & EM van der voort Ltd	213 Kinasfen Road, **Roxburge**	03 4468647
	NS & EN Hinton Ltd	PO Box 383, **Alexandra**	03 4485251
	Panmure Orchards Ltd	214 Strode Road, **RD1 Alexandra**	03 4492672
	Clutha Packing Centre	State Highway 8, **RD1 Roxburgh**	03 4468031
	Weatheralls Orchard	Rapid 3168, Coal Creek RD1, **Roxburgh**	03 4466759

※ SSE 고용주 리스트를 확인 하는 사이트

http://www.immigration.govt.nz/migrant/stream/work/hortandvit/LinkAdminis-tration/ToolboxLinks/sse.htm

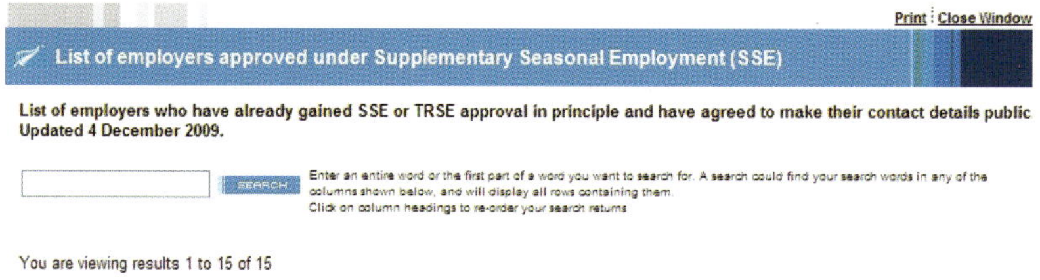

Company Name	Address	Phone number
45 South Management Ltd	PO Box 46, Cromwell	03 4451402
CAJ & EM van der Voort Ltd	213 Kinasfen Road, Roxburgh	03 4468647
Clutha Packing Centre Ltd	State Highway 8, Rapid 3668 RD1 Roxburgh	03 4468151
Davies Horticultural Services Ltd	PO Box 823, 2 Inlet Road, Kerikeri	09 4079405
Fortune Fruit Company Ltd	PO Box 108, Cromwell	03 4453504
Grape Vision Ltd	128 Cairnmuir Road, RD2 Cromwell	027 4450602
NS & EN Hinton Ltd	PO Box 383 Alexandra	03 4485231
Orangewood Limited	311 Kapiro Road, RD1 Kerikeri	09 4079839
Panmure Orchards Ltd	214 Strode Road, RD1 Alexandra	03 4492672
Seasonal Solutions Co-Operative Ltd	67 Tarbert Street, Alexandra	03 4402028
Summerfruit Orchards Ltd	Rapid 253 Strode Road, RD1 Earnscleugh, Alexandra	03 4492203
Suncrest Orchard Ltd	PO Box 19, Cromwell	03 4450467
Tarras Vineyard Ltd	Maori Point Rd, Rapid No.233, 3RD Cromwell	0274 466877
Vinewise Viticulture Ltd	PO Box 499, Wanaka	03 4450123
Weatheralls Orchard	Rapid 3168, Coal Creek RD1, Roxburgh	03 4468511

1 인터넷에서 찾기

2 백팩커에서 농장일 찾기

3 농장으로 직접 찾아가기

4 직업소개소에서 찾기

4
농장
일자리찾기

　뉴질랜드에서 농장 일자리를 찾는 방법은 여러 가지가 있다. 먼저 농장일 시즌을 확인하고, 그 시즌의 일이 어느 지역에 있는지 확인한다. 정보를 확인한 다음에 일자리를 찾는 방법은 인터넷의 농장일 구인 사이트, 농장 지역의 백팩커, 농장으로 직접 찾아가기, 컨트렉터를 통해 일하기, 농장 일자리 정보를 제공해주는 직업소개소에서 일자리 문의하기 등이 있다. 성수기에는 농장 일자리를 찾기 쉽지만 비수기에는 일자리가 거의 없기 때문에 여러 가지 방법을 동원하여 일자리를 찾아야 한다.

농장일 찾는 방법	장 점	단 점
인터넷에서 찾기	다양한 일자리 정보를 쉽고 편하게 찾을 수 있다.	수많은 정보 중에서 정확한 정보와 잘못된 정보를 구별하기 힘들다.
백팩커에서 소개받기	숙소에서 일자리나 컨트렉터를 소개해주기 때문에 거주지와 일자리가 보장된다. 통근 차량을 준비해주는 백팩커도 있다.	일자리를 옮기면 숙소도 옮겨야하는 경우도 있고, 같은 농장의 워커들이 한곳에서 지내기 때문에 다른농장의 정보를 얻기 힘들다.
농장에 직접 찾아가기	일자리를 선택할 수 있고, 농장주와 직접 계약해서 일하기 때문에 안전하다.	농장 지역이 시내와 떨어진 곳에 있기 때문에 차가 필요하며, 팜스테이를 하거나 숙소를 직접 구해야 한다.
컨트렉터와 일하기	일자리와 숙소 그리고 교통편을 준비해주며 일이 끝나면 다른 일자리를 소개시켜준다.	악덕 컨트렉터를 만날 경우 피해를 당할 수 있으며, 일자리는 컨트렉터가 정해준다.
직업소개소에서 찾기	그 지역 농장의 일자리 정보를 제공해주고, 각종 워크퍼밋에 관련된 신청업무도 대행해준다.	그 지역의 한정된 정보만 얻을 수 있고, 시즌에는 일자리를 대기하는 워커들이 많다.

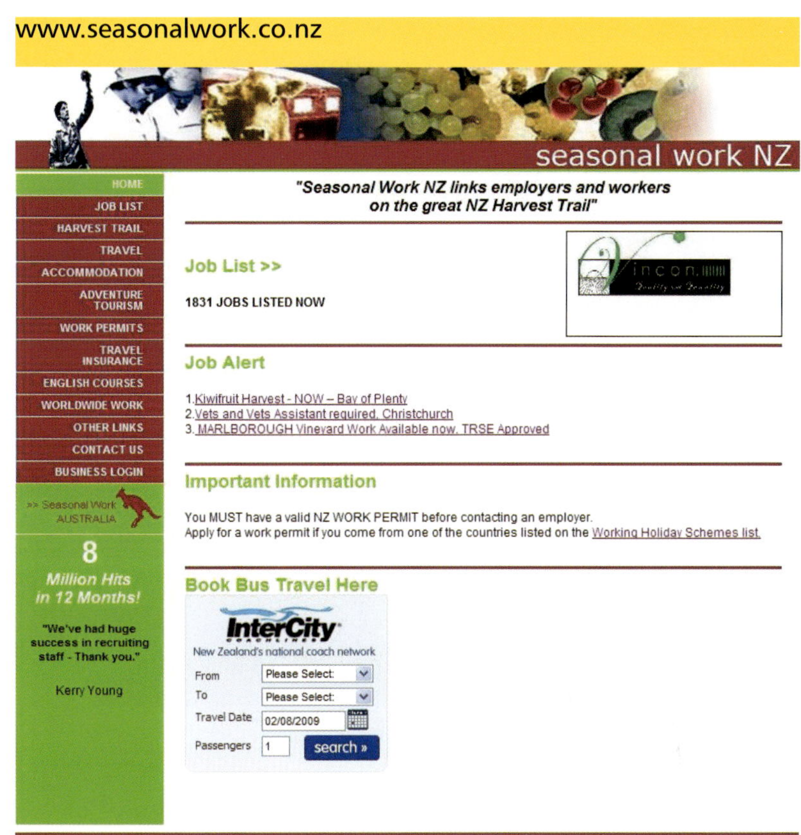

뉴질랜드에서 인터넷으로 농장 일자리를 검색할 수 있는 대표적인 사이트다. 농장주와 각종 업체들이 직접 구인 광고를 올리며 시즌별, 지역별, 농장별로 일자리 정보를 검색할 수 있는 뉴질랜드 최대의 농장정보 사이트이다. 농장 일자리뿐만 아니라 숙소, 여행 등 다양한 정보도 함께 제공한다.

JOB LIST _ 지역별, 일자리 종류별로 농장 일자리 정보를 볼 수 있으며, 지도의 지역을 선택하면 그 지역의 일자리 정보를 볼 수 있다.

1_ JOB LIST 선택하기

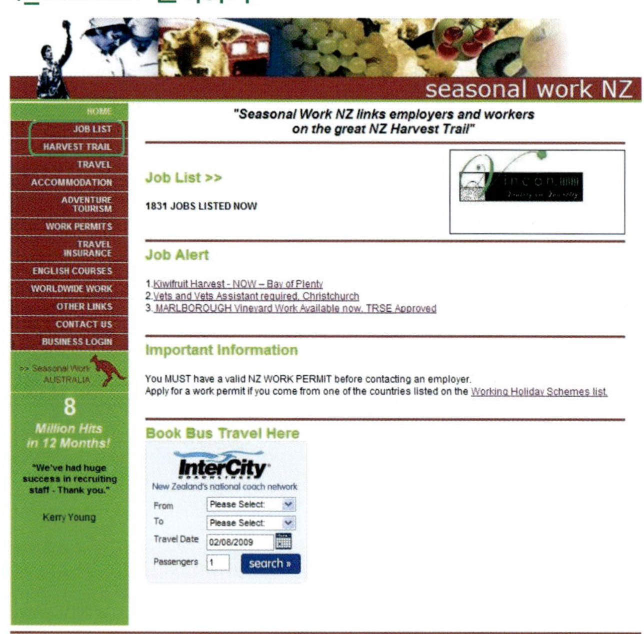

지역(Region)과 일의 종류(Job Type)를 선택한다.

지역과 일자리 종류에 따른 검색 결과가 나타난다.

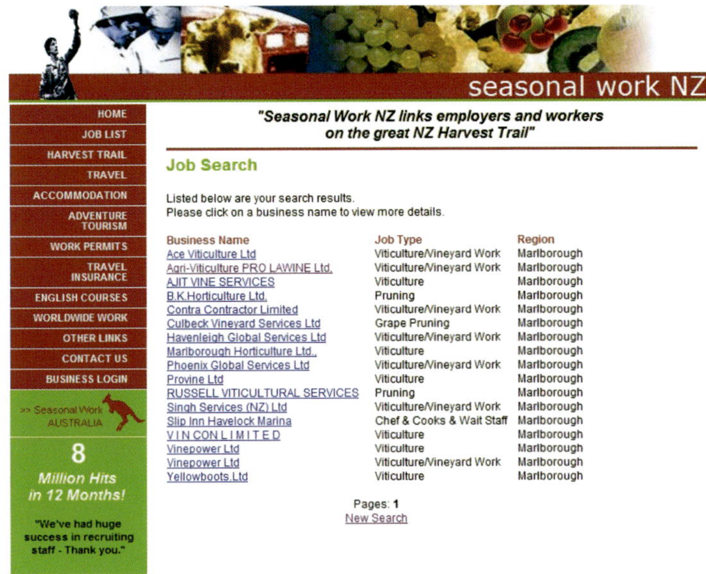

회사명(Business Name)을 선택하면 아래와 같이 세부 정보를 볼 수 있다.

회사 이름(Business Name)
일의 종류(Job Type)
지 역(Region)
주 소(Physical Address)
가까운 도시(Nearest Town)
시작 예정 날짜(Approx Start Date)
시즌이 끝나는 날짜(Approx Finish Date)
구인 인원(Number of Jobs)
숙소(Accommodation)
담당자 이름(Contact Name)
연락처(Phone)
홈페이지(Website)
이메일 보내기(Contact Employer)
급여 및 조건(Pay & Conditions)
기타(Other)

HARVEST TRAIL_ 지역별, 시즌별로 농장 일자리 정보를 볼 수 있으며, 지도의 지역을 선택하면 그 지역의 일자리 정보를 볼 수 있다.

2_ HARVEST TRAIL 선택하기

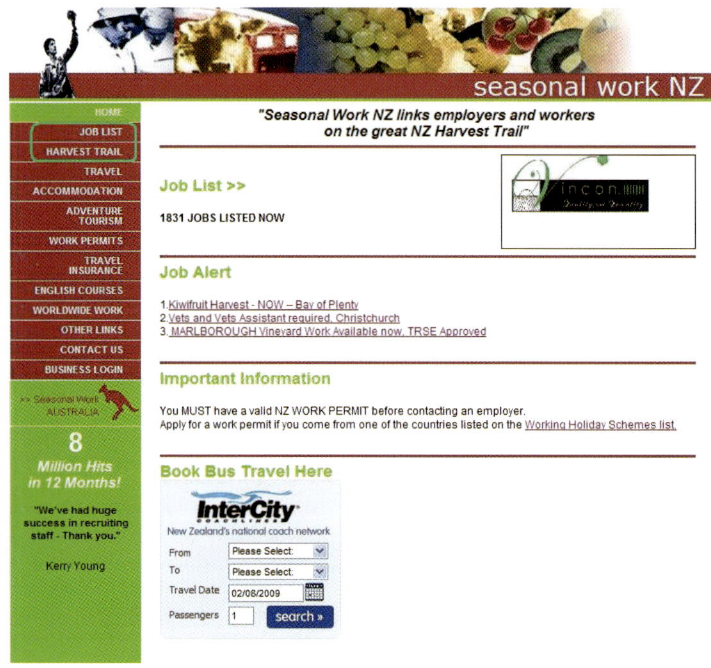

지역(Region)과 달(Month)을 선택하고, 리스트 보기(View Listings)를 클릭한다.

지역과 달(Month)에 따른 검색 결과가 나타난다.

회사명을 클릭하면 세부 정보를 볼 수 있다.

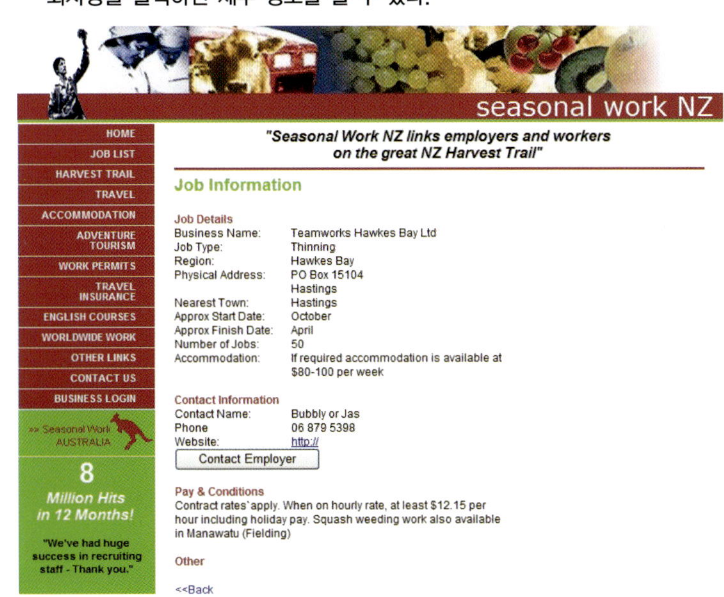

Backpackerboard 사이트에서는 뉴질랜드 여행, 교통, 호스텔, 액티비티, 일자리 등 배낭 여행자가 필요한 모든 정보를 찾을 수 있다. 농장 일자리 정보는 Work/Jobs의 메뉴에서 찾을 수 있다.

Work/Jobs 메뉴를 클릭하면 가장 최근의 구인 광고를 볼 수 있다. VIEW ALL JOBS 메뉴를 클릭하면 모든 일자리 정보를 볼 수 있다.

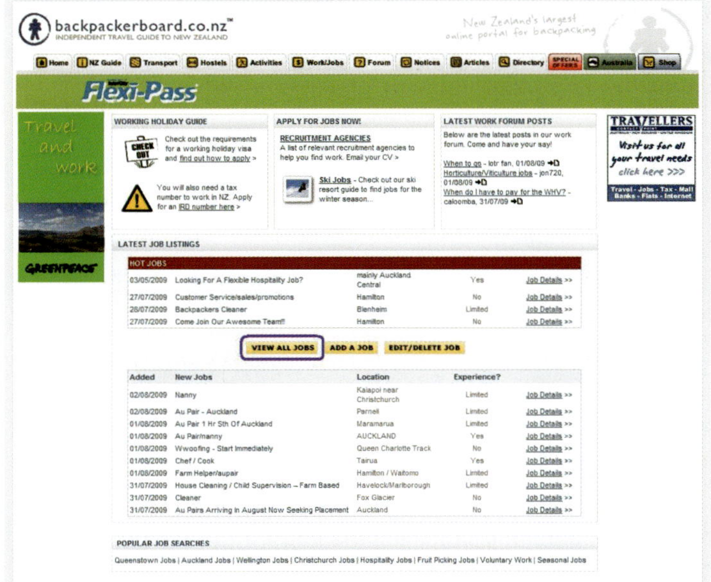

오른쪽 메뉴(Search Job Listings)에서 일자리 종류(Job Type)를 Farmwork/FruitPick-ing으로 선택하고, 지역(Region)을 선택한다. 마지막으로 경험(Experience)을 All Levels 로 선택하고 Search Jobs 버튼을 클릭한다.

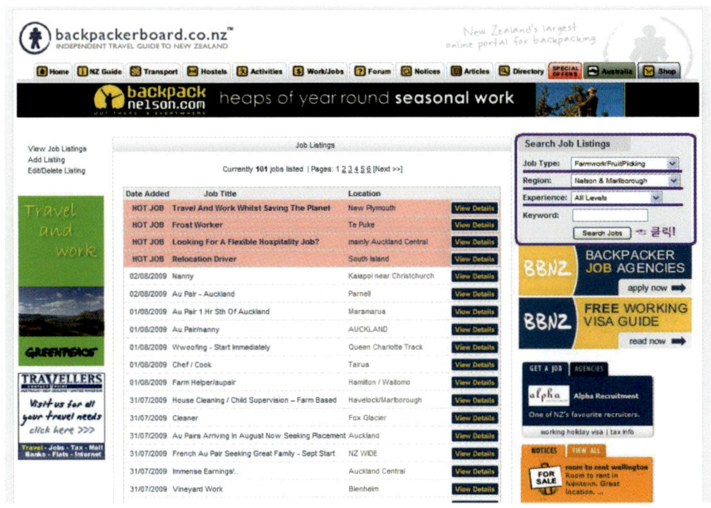

검색된 지역의 일자리 정보를 볼 수 있다. 세부 정보(View Details) 메뉴를 클릭해서 일자리 정보를 확인한다.

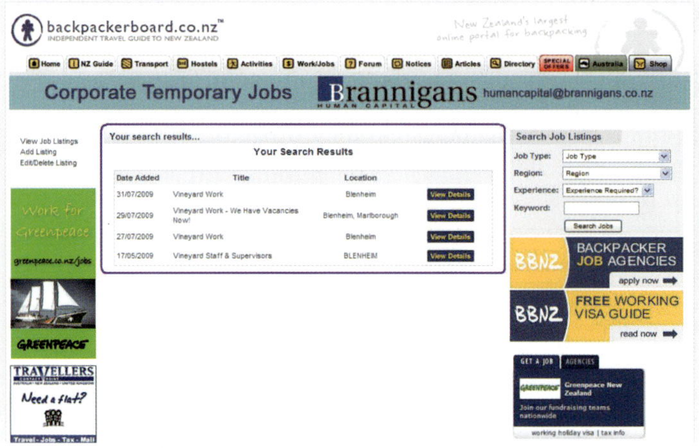

세부 정보를 클릭하면 일자리에 대한 자세한 설명과 지역, 담당자 이름, 급여, 연락처 등의 정보를 볼 수 있다.

각 지역별로 농장 일자리 정보를 검색하는 사이트이다. 농장 정보뿐만 아니라 각종 일자리 정보가 가득하다.

지역과 일자리 별로 컨트렉터를 검색할 수 있고 컨트렉터가 제공하는 일자리 정보도 볼 수 있다.

www.picknz.co.nz

PickNZ 사이트에서는 각 지역별 구인 인원과 시즌별 농장일 정보를 제공한다. 각 지역별로 PickNZ 사무실을 두고 있어 정확한 일자리 정보를 문의할 수 있고, 이메일로 일자리 정보를 받아 볼 수도 있다. 농장 일자리뿐만 아니라 투어, 액티비티, 숙소 등의 다양한 정보도 함께 제공한다.

www.fres.co.nz

목장에 관련된 일자리 정보 사이트. 목장에서 생활하면서 가축들에게 먹이를 주거나 청소를 하는 등 목장일 보조에 관련된 일자리 정보가 있다. 목장일은 보통 3개월 이상 장기간일 할 사람들을 구인한다.

PickaPicker 사이트는 워커와 고용주를 연결해주는 역할을 한다. 워커는 자신의 정보와 선호하는 일자리를 등록하고, 고용주는 일자리 정보를 등록한다. 워커가 찾는 일과 고용주가 올린 일자리 정보가 일치하면 워커에게 연락을 해서 일자리를 소개시켜준다.

Work Availability Timeline

	Jan	Feb	Mar	Apr	May	Jun	Jul	Aug	Sep	Oct	Nov	Dec
Picking				■	■	■						
Packing				■	■	■	■	■	■			
Winter Pruning							■	■	■			
Bud Thinning											■	
Male Flower Picking												
Summer Pruning		■	■								■	■
Fruit Thinning		■	■									

뉴질랜드 베이 오브 플렌티(Bay of Plenty) 지역의 키위 정보 사이트이다. 시즌별로 키위 일자리 정보를 제공하고, 시즈널 코디네이터에게 키위 관련 일자리 문의를 할 수 있다.

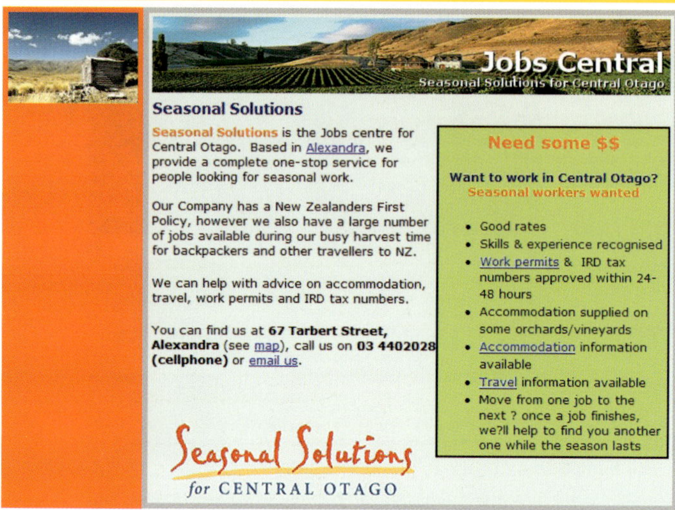

　　남섬 센트럴 오타고(Central Otago) 지역의 농장 일자리 정보 사이트이다. 오타고 지역은 체리, 복숭아, 살구, 자두, 포도 등으로 유명한 지역이며, 여름 시즌에 일자리가 많다. 알렉산드라(Alexandra) 지역에 사무실이 있고, 일자리 정보뿐만 아니라 숙소, 여행, 시즈널 워크 퍼밋 신청 등의 다양한 정보도 함께 제공한다.

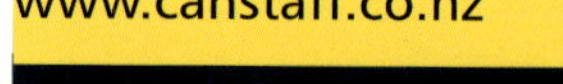

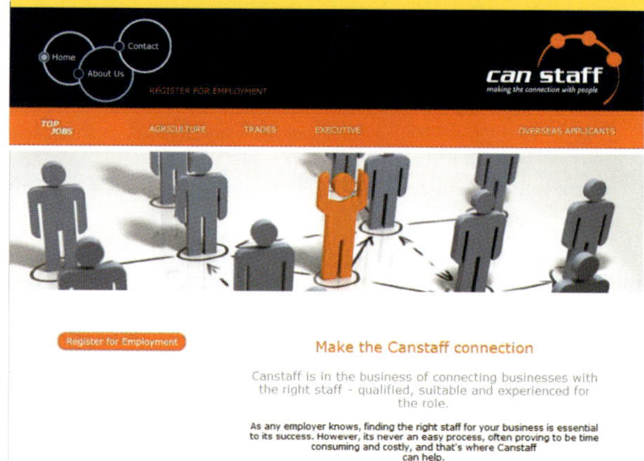

　　can staff 사이트는 농장 및 각종 일자리 정보를 제공해주고 고용주와 워커를 연결해주는 역할을 한다. 전화 또는 웹사이트에서 일자리를 문의할 수 있으며, 농업과 원예업에 관련된 일자리를 소개시켜 준다.

　　우프(WWOOF)란 'Willing Workers on Organic Farms'의 약자로 '유기농 농장에서 자발적으로 일하는 사람들'이란 뜻으로 숙식을 제공받는 대신 농장에서 일하면서 현지의 가족들과 함께 생활하고, 그 나라의 문화도 배울 수 있는 프로그램이다. 우프에 참가하기 위해서는 각 나라에서 발간하는 우프 책자를 구입해야 하며, 책자에는 회원 고유번호, 농가의 주소와 연락처 등의 정보가 있다. 온라인 회원 가입은 $40, 농가 정보가 있는 책자 구입은 $50(우편요금 포함)이다.

02 백패커에서 농장일 찾기

　농장 지역에 있는 백팩커는 숙소의 역할 뿐만 아니라 일자리를 알선해 주기도 한다. 많은 컨트렉터들이 백팩커의 게시판에 일자리 구인 광고를 게시해 놓거나 백팩커 주인과 계약하여 워커들을 소개시켜 준다. 백팩커 주인은 믿을만한 컨트렉터를 소개시켜주기 때문에 안전한 편이며, 일자리에 대한 조언도 들을 수 있다. 농장 성수기에는 워커들로 인해 백팩커에 자리가 없어서 들어가지 못하는 경우도 있다. 그러나 농장 지역의 모든 백팩커에서 일자리를 알선해 주는 것은 아니기 때문에 반드시 사전에 일자리를 알선해 주는지 확인해야 한다. 일자리나 컨트렉터를 소개시켜 준다면 현재 일자리와 방이 있는지 문의한 후 예약을 하고 이동하도록 하자.

북섬 (North Island)
Northland 지역

Northland 지역의 대표적인 농장일 : 만다린, 키위, 즈키니, 레몬, 아보카도 등

케리케리 (Kerikeri)

❶ 아랑가 백팩커 (Aranga Backpackers)

전화번호 : (09) 407 9326

무료전화 : 0800 272 642

이 메 일 : mail@aranga.co.nz

주　　소 : Aranga Rd, Kerikeri

홈페이지 : www.aranga.co.nz

❷ 호네헤케 로지 (Hone Heke Lodge)

전화번호 : (09) 407 8170

무료전화 : 0800 339 922

이 메 일 : stay@honeheke.co.nz

주　　소 : 65 Hone Heke Rd, Kerikeri
홈페이지 : www.honeheke.co.nz

❸ YHA 케리케리 (YHA Kerikeri)
체 크 인 : 13:30 - 14:00, 17:00 - 20:00
전화번호 : (09) 407 9391
이 메 일 : yha.kerikeri@yha.co.nz
주　　소 : 144 Kerikeri Rd, Kerikeri

❹ 하이드어웨이 로지 (Hideaway Lodge)
전화번호 : (09) 407 9773
무료전화 : 0800 562 746
이 메 일 : skedgwell@xtra.co.nz
주　　소 : Wiroa Rd, 0293, Kerikeri

❺ 더 웰컴 스왈로우 백팩커 (The Welcome Swallow Backpacker)
전화번호 : (09) 405 1019
이 메 일 : info@welcomeswallow.com
주　　소 : 249 Hikurua Road, Off Matauri Bay Road, Matauri Bay
홈페이지 : www.welcomeswallow.com

왕가레이 (Whangarei)
❶ 왕가레이 폴스 홀리데이 파크 (Whangarei Falls holiday Park)
전화번호 : (09) 437 0609
이 메 일 : bakpak@whangareifalls.co.nz
주　　소 : 12-16 Ngunguru Road, Glenbervie, Whangarei
홈페이지 : www.whangareifalls.co.nz

Bay of Plenty 지역
Bay of Plenty 지역의 대표적인 농장일 : 키위, 아보카도, 감귤류 등

타우랑가(Tauranga)

❶ 하버사이드 시티 백팩커 (Harbourside City Backpackers)

전화번호 : (07) 579 4066

이 메 일 : info@backpacktauranga.co.nz

주　　소 : 105 The Strand, Tauranga

홈페이지 : www.backpacktauranga.co.nz

❷ 저스트 더 덕스 넛츠 호스텔 (Just The Ducks Nuts Hostel)

전화번호 : (07) 576 1366

이 메 일 : info@justtheducksnuts.co.nz

주　　소 : 6 Vale St, Tauranga

홈페이지 : www.justtheducksnuts.co.nz

❸ 로프트 109 백팩커 (Loft 109 Backpackers)

전화번호 : (07) 579 5638

이 메 일 : backpackers@loft109.co.nz

주　　소 : 109 Devonport Rd, Tauranga

홈페이지 : www.loft109.co.nz

❹ 타우랑가 센트럴 백팩커 (Tauranga Central Backpackers)

전화번호 : (07) 571 6222

이 메 일 : centralbackpack@xtra.co.nz

주　　소 : 64 willow St, Tauranga

홈페이지 : www.tgabackpack.co.nz

❺ 벨 로지 모텔 & 백팩커 (Bell Lodge Motel and Backpackers)

전화번호 : (07) 578 6344

이 메 일 : kiwi@bell-lodge.co.nz

주　　소 : 39 Bell St, Tauranga

홈페이지 : www.bell-lodge.co.nz

❻ 애플 트리 코티지 백팩커 (Apple Tree Cottage Backpackers)

전화번호 : (07) 576 4001

이 메 일 : appletreebackpackers@hotmail.com

주　소 : 47 Maxwell Road, Tauranga

❼ YHA 타우랑가 (YHA Tauranga)

전화번호 : (07) 578 5064

무료전화 : 0800 278 299

이 메 일 : yha.tauranga@yha.co.nz

주　소 : 171 Elizabeth Street, Tauranga

홈페이지 : www.yha.co.nz

카티카티(Katikati)

❶ 원더러스트 백팩커 (Wanderlust Backpackers)

전화번호 : (07) 549 5102

이 메 일 : info@wanderlustbackpackers.com

주　소 : 5 Main Rd, Katikati

홈페이지 : www.wanderlustbackpackers.com

❷ 사파이어 스프링스 홀리데이 파크 (Sapphire Springs Holiday Park)

전화번호 : (07) 549 0768

이 메 일 : sapphire.springs@xtra.co.nz

주　소 : Hot Springs Road RD2, Katikati

홈페이지 : www.sapphiresprings.net.nz

테푸케(Te Puke)

❶ 헤어리 베리 벙크하우스 (Hairy Berry Bunkhouse)

전화번호 : (07) 573 8015

이 메 일 : work@hairyberrynz.com

주　소 : 2 No. 1 Rd, Te Puke

홈페이지 : www.hairyberrynz.com

❷ 키위 코럴(KiwiCorral Accommodation)

전화번호 : 0800 453 030, (07) 573 4530

이 메 일 : info@kiwicorral.co.nz

주　　소 : 26 Young Road, Te Puke

홈페이지 : www.kiwicorral.co.nz

마운트 망가누이 (Mount Maunganui)

❶ 마운트 백팩커 (Mount Backpackers)

전화번호 : (07) 575 0860

이 메 일 : bookings@mountbackpackers.co.nz

주　　소 : 87 Maunganui Rd, Mt Maunganui

홈페이지 : www.mountbackpackers.co.nz

❷ 씨걸스 게스트하우스 (Seagulls Guesthouse)

전화번호 : (07) 574 2099

이 메 일 : guesthouse@ihug.co.nz

주　　소 : 12 Hinau St, Mt Maunganui

홈페이지 : www.seagullsguesthouse.co.nz

❸ 퍼시픽 코스트 로지 & 백팩커 (Pacific Coast Lodge and Backpackers)

전화번호 : (07) 574 9601

무료전화 : 0800 666 622

이 메 일 : info@pacificcoastlodge.co.nz

주　　소 : 432 Maunganui Rd, Mt Maunganui

홈페이지 : www.pacificcoastlodge.co.nz

오포티키(Opotiki)

❶ 오포티키 비치 하우스 (Opotiki Beach House)

전화번호 : (07) 315 5117

이 메 일 : slowry@paradise.net.nz

주　　소 : 7 Appleton Rd, Opotiki

홈페이지 : www.opotikibeachhouse.co.nz

❷ 센트럴 오아시스 백팩커 (Central Oasis Backpackers)

전화번호 : (07) 315 5165

이 메 일 : centraloasis@hotmail.com

주　　소 : 30 King St, Opotiki

홈페이지 : www.centraloasisbackpackers.co.nz

❸ 헌터스 백팩커 (Hunters Backpackers)

전화번호 : (07) 315 5760

이 메 일 : huntersbackpackers@xtra.co.nz

주　　소 : Church & King St, Opotiki

❹ 네츄럴 에지 백팩커 (Natures Edge Backpackers)

- 우퍼, 익스체인지, 팜헬퍼 구인

전화번호 : (07) 315 5553

이 메 일 : nzsbestspot@xtra.co.nz

주　　소 : 3666 Waioeka Gorge Scenic Reserve Rd, R.D.1, Opotiki

홈페이지 : www.newzealandsbestspot.co.nz

Hawkes Bay 지역
Hawkes Bay 지역의 대표적인 농장일 : 사과, 포도, 배, 살구, 복숭아 등

네이피어(Napier)

❶ 아치스 벙커 (Archie's Bunker)

전화번호 : (06) 833 7990

무료전화 : 0800 272 4437

이 메 일 : backpacker@archiesbunker.co.nz

주　　소 : 14 Herschell St, Napier

홈페이지 : www.archiesbunker.co.nz

❷ 월리스 백팩커 (Wallys Backpackers)

전화번호 : (06) 833 7930

이 메 일 : info@wallys.co.nz

주　소 : 7 Cathedral Lane, Napier

홈페이지 : www.wallysbackpackers.co.nz

❸ 워터프론트 로지 & 백팩커 (Waterfront Lodge & Backpackers)

전화번호 : (06) 835 3429

이 메 일 : info@napierbackpackers.co.nz

주　소 : 217 Marine Parade, Napier

홈페이지 : www.napierbackpackers.co.nz

❹ 스테이블스 로지 백팩커 (Stables Lodge Backpackers)

전화번호 : (06) 835 6242

이 메 일 : stables@ihug.co.nz

주　소 : 370 Hastings St, Napier

홈페이지 : www.stableslodge.co.nz

❺ 프리즌 백팩커 (Prison Backpackers)

전화번호 : (06) 835 9933

이 메 일 : getnicked@napierprison.com

주　소 : 55 Coote Rd, Napier

홈페이지 : www.napierprison.com

겨울휴업 : 6월 1일 ~ 10월 1일(홈페이지 참고)

❻ 아쿠아 로지 (Aqua Lodge)

전화번호 : (06) 835 4523

이 메 일 : aquaback@inhb.co.nz

주　소 : 53 Nelson Crescent, Napier

❼ 베이 부지 백팩커 (Bay Booziee Backpackers)

전화번호 : (06) 836 6007

이 메 일 : 홈페이지 문의

주　　소 : 47 Petane Rd, Bayview, Napier

❽ 앤디스 백팩커 (Andy's Backpackers)

전화번호 : (06) 835 5575

이 메 일 : andysplace@vodafone.co.nz

주　　소 : 259 Marine Parade, Napier

홈페이지 : www.andysbackpackers.co.nz

❾ 크라이테리언 아트 데코 백팩커 (Criterion Art Deco Backpackers)

전화번호 : (06) 835 2059

이 메 일 : backpack@criterionartdeco.co.nz

주　　소 : 48 Emerson St, Napier

홈페이지 : www.criterionartdeco.co.nz

❿ 토드 홀 백팩커 (Toad Hall Backpackers)

전화번호 : (06) 835 5555

이 메 일 : bookings@toadhall.co.nz

주　　소 : Corner Shakespeare Road & Brewster St, Napier

홈페이지 : www.toadhall.co.nz

⓫ YHA 네이피어 (YHA Napier)

전화번호 : (06) 835 7039

이 메 일 : yha.napier@yha.co.nz

주　　소 : 277 Marine Parade, Napier

홈페이지 : www.yha.co.nz

⓬ 포트사이드 인 백팩커 (Portside Inn Backpackers)

전화번호 : (06) 833 7292

이 메 일 : information@portsideinn.co.nz

주　　소 : 52 Bridge St, Napier
홈페이지 : www.portsideinn.co.nz

❶❸ 히네파레 어코모데이션 센터 (Hinepare Accommodation Centre)
전화번호 : (06) 835 2093
이 메 일 : hinepare@airnet.net.nz
주　　소 : 79 Napier Terrace Hospital Hill, Napier
홈페이지 : www.hinepare.co.nz

❶❹ 메드카사 서 라 메르 백팩커 (Medcasa sur la Mer Backpackers)
전화번호 : (06) 833 7336
이 메 일 : medcasa2@hotmail.com
주　　소 : 82 Te Awa Ave
겨울휴업 : 5월~10월

헤스팅스(Hastings)

❶ A1 백팩커 (A1 Backpackers)
전화번호 : (06) 873 4285
이 메 일 : a1backpackers@xtra.co.nz
주　　소 : 122 Stortford Street, St Leonards, Hastings

❷ 로튼 애플 백팩커 (The Rotten Apple Backpackers)
전화번호 : (06) 878 4363
이 메 일 : info@rottenapple.co.nz
주　　소 : 114 Heretaunga St East, Hastings
홈페이지 : www.rottenapple.co.nz

❸ 트래블러스 로지 헤스팅스 (Travellers Lodge Hastings)
전화번호 : (06) 878 7108
이 메 일 : judith@tlodge.co.nz
주　　소 : 608 St Aubyn Street West, Hastings

홈페이지 : www.tlodge.co.nz

❹ 시에스타 백팩커 (Siesta Backpackers)

전화번호 : (06) 870 8112

이 메 일 : siestabackpackers@xtra.co.nz

주　　소 : 911 Heretaunga Street East, Hastings

❺ 헤스팅스 백팩커 호스텔 (Hastings Backpackers Hostel)

전화번호 : (06) 876 5888

이 메 일 : medcasa@paradise.net.nz

주　　소 : 505 Lyndon Rd, East, Hastings

겨울휴업 : 7월

❻ 슬리핑 자이언트 백팩커 (Sleeping Giant Backpackers)

전화번호 : (06) 878 5393

이 메 일 : sleepinggiant@xtra.co.nz

주　　소 : 109 Davis St, Hastings

겨울휴업 : 7월~10월

❼ 마호라 백팩커 (Mahora Backpackers)

전화번호 : (06) 873 3363

이 메 일 : info@unipac.co.nz

주　　소 : Corner Tomoana Road & Williams St,, Hastings

❽ A Js 백팩커 (A Js Backpackers)

전화번호 : (06) 878 2302

주　　소 : 405 Southland Rd, Hastings

❾ 피크 백팩커 (Peak Backpackers)

전화번호 : (06) 877 1170

주　　소 : 33 Havelock Road, Havelock North, Hastings

Marlborough 지역의 대표적인 농장일 : 포도, 체리, 홍합 팩하우스 등

블래넘(Blenheim)

❶ 리웨이스 백팩커 (Leeways Backpackers)

전화번호 : (03) 579 2213

이 메 일 : leeway1@xtra.co.nz

주　　소 : 33 Lansdowne St, Blenheim

홈페이지 : www.leewaysbackpackers.co.nr

❷ 코아누이 로지 & 백팩커 (Koanui Lodge & Backpackers)

전화번호 : (03) 578 7487

이 메 일 : koanui@xtra.co.nz

주　　소 : 33 Main St, Blenheim

홈페이지 : www.koanui.co.nz

❸ 허니비 백팩커 (Honi-B-Backpackers)

전화번호 : (03) 577 8441

이 메 일 : info@honi-b.com

주　　소 : 18 Parker St, Blenheim

홈페이지 : www.honi-b.com

❹ 더 그레이프바인 (The Grapevine)

전화번호 : (03) 578 6062

이 메 일 : queries@thegrapevine.co.nz

주　　소 : 29 Park Terrace, Blenheim

홈페이지 : www.thegrapevine.co.nz

❺ 에로우 백팩커 (Arrow Backpackers)

전화번호 : (03) 577 9857

이 메 일 : arrowbbh@gmail.com
주　　소 : 107 Budge St, Blenheim

❻ 커퍼비치 백팩커 (Copperbeech House)
전화번호 : (03) 579 2246
이 메 일 : moian@xtra.co.nz
주　　소 : 73 Maxwell Rd, Blenheim

❼ 피스해븐 백팩커 (Peacehaven Backpackers)
전화번호 : (03) 577 9750
주　　소 : 29 Budge St, Blenheim

❽ 레몬 트리 백팩커 (Lemon Tree Backpackers)
전화번호 : (03) 579 5413
이 메 일 : lemontree@hyper.net.nz
주　　소 : 78 Main St, Blenheim
홈페이지 : www.backpackersblenheim.co.nz

❾ 크라이테리언 호텔 (Criterion hotel)
전화번호 : (03) 578 3299
이 메 일 : criterion.hotel@xtra.co.nz
주　　소 : 2 Market Street, Blenheim

❿ 스왐피스 백팩커 (Swampys Backpackers)
전화번호 : (03) 570 2180
이 메 일 : swampys@slingshot.co.nz
주　　소 : 2 Ferry Road Spring Creek, Blenheim
홈페이지 : www.swampys.co.nz

⓫ 키위 벙크 하우스 (Kiwi Bunk House)
전화번호 : (03) 579 1998

이 메 일 : work@kiwibunkhouse.co.nz

주　　소 : 63 Main St, Blenheim

홈페이지 : www.kiwibunkhouse.co.nz

❶❷ 더 스테이션 백팩커 (The Station Backpacker)

전화번호 : (03) 577 6737

이 메 일 : thestationbackpacker@yahoo.com

주　　소 : 1a Dillons Point Rd, Blenheim

❶❸ 체리 캠프 백팩커 (Cherry Camp Backpackers)

전화번호 : (03) 579 5445

이 메 일 : greghale88@xtra.co.nz

주　　소 : 52 Budge St, Blenheim

홈페이지 : www.cherrycamp.co.nz

❶❹ 블레넘 모터 캠프＆백팩커 (Blenheim Motor Camp & Backpackers)

전화번호 : (03) 578 7419

이 메 일 : bmcb@xtra.co.nz

주　　소 : 27 Budge St, Blenheim

❶❺ 블레넘 브리지 홀리데이 파크 (Blenheim Bridge Top 10 Holiday Park)

전화번호 : (03) 578 3667

이 메 일 : blenheimtop10@xtra.co.nz

주　　소 : 78 Grove RD, Blenheim

홈페이지 : www.blenheimtop10.co.nz

❶❻ BKHL 백팩커 (B.K Horticulture Ltd)

전화번호 : (03) 579 4611

이 메 일 : bkhl@xtra.co.nz

주　　소 : 71 Budge Street, Blenheim

홈페이지 : www.bkhlimited.com

❶❼ 던캐논 (Duncannon)

전화번호 : (03) 578 8193

이 메 일 : robert@duncannon.co.nz

주　　소 : 3043 State Highway 1, Blenheim

홈페이지 : www.duncannon.co.nz

❶❽ 씨티 호텔 (City Hotel)

전화번호 : (03) 578 5029

주　　소 : 25 High Street, Blenheim

❶❾ 잭스 백팩커 (Jack's Backpackers)

전화번호 : 0800 864 382, (03) 578 7375

이 메 일 : lbobl@xtra.co.nz

주　　소 : 144 High St, Blenheim

세돈 (Seddon)

❶ 스토니 에이커 (Stoney Acre)

전화번호 : (03) 575 7940

이 메 일 : enquiries@stoneyacre.co.nz

주　　소 : 9 Marldene Avenue, Seddon

홈페이지 : www.stoneyacre.co.nz

Abel Tasman / Golden Bay 지역

Abel Tasman / Golden Bay 지역의 대표적인 농장일 : 사과, 키위, 포도

모투에카 (Motueka)

❶ 모투에카 백팩커 (Motueka Backpackers)

전화번호 : (03) 528 7581

이 메 일 : bookings@abeltasmangreenrush.co.nz

주　　소 : 200 High St, Motueka

❷ 에덴스 에지 백팩커 (Edens Edge Backpackers)

전화번호 : (03) 528 4242

이 메 일 : stay@edensedge.co.nz

주   소 : 137 Lodder Lane, Motueka

홈페이지 : www.motuekabackpackers.co.nz

센트럴 오타고(Central Otago) 지역

Central Otago 지역의 대표적인 농장일 : 포도, 체리, 사과, 복숭아, 살구, 자두 등

알렉산드라 (Alexandra)

❶ 말제스 플레이스 (Marjes Place)

전화번호 : (03) 448 7098

이 메 일 : marjesplace@xtra.co.nz

주   소 : 5 Theyers St, Alexandra

❷ 알렉산드라 백팩커 (Alexandra Backpackers)

전화번호 : (03) 448 7170

이 메 일 : alexandrabackpackers@hotmail.com

주   소 : 10 Skird St, Alexandra

홈페이지 : www.alxbackpackers.zoomshare.com

록스버그 (Roxburgh)

❶ 빌라 로즈 BBH 백팩커 호스텔 (Villa Rose BBH Backpackers Hostel)

전화번호 : (03) 446 8761

이 메 일 : remarkableorchards@xtra.co.nz

주   소 : 79 Scotland St, Roxburgh

❷ 록스버그 테비오트 모텔 & 백팩커

  (Roxburgh's Teviot Motel & Backpackers)

전화번호 : (03) 446 8364

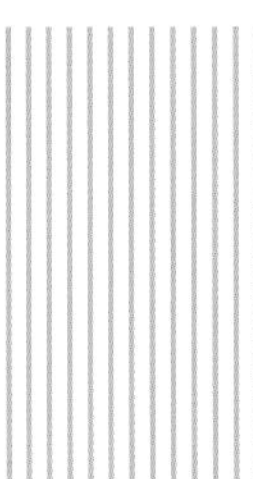

이 메 일 : teviotmotels@xtra.co.nz

주　소 : 139 Roxburgh East Rd, Roxburgh

❸ 더 커머셜 호텔 & 백팩커 (The Commercial Hotel and Backpackers)

전화번호 : (03) 446 8160

이 메 일 : patroxx@hotmail.com

주　소 : 106 Scotland Street, Roxburgh

03 농장으로 직접 찾아가기

농장은 시내와 멀리 떨어져있기 때문에 대부분 백팩커나 컨트렉터를 통해서 농장일을 한다. 그러나 차가 있으면 내가 원하는 농장이나 컨트렉터를 직접 찾아가서 일자리를 구할 수 있다. 숙소도 원하는 곳을 찾아서 묵을 수 있기 때문에 보다 자유로운 환경 속에서 일하는 것이 가능하다. 차가 없을 경우에는 농장주가 시내까지 픽업을 나오기도 하며, 농장안의 숙소에서 지내면서 일을 할 수 있다. 농장에서 일하는 워커들은 처음에는 컨트렉터나 백팩커에서 소개시켜주는 일을 하다가 어느 정도 익숙해지면 스스로 농장일을 찾는 워커들이 많다. 직접 농장을 찾아가기 위해서는 어떤 준비가 필요할까? 농장에 직접 일자리 문의를 하기 전에 미리 체크해보자.

1. 일할 수 있는 퍼밋과 IRD 번호가 있는가?
2. 어떤 종류의 일을 하고 싶은가?
3. 관련 자격증이나 경험이 있는가?
4. 시작 가능한 날짜와 얼마동안 일을 할 것인가?

농장의 주소와 연락처는 농장 지역의 Work & Income, PickNZ 사무실 또는 여행 정보센터(I-site)에서 구할 수 있다. 농장주에게 전화를 해서 먼저 일자리가 있는지 문의하고, 일 할 수 있는 기간과 농장 경험, 비자, IRD 번호가 있는지 말한다. 인터넷을 통해서 농장 정보를 찾을 경우 농장주나 팩하우스에서 직접 구인하는 구인 광고를 찾아서 연락하거나 홈페이지에 나와 있는 신청서Application Form를 작성하여 온라인으로 제출하고, 연락이 오면 면접을 보고 일을 한다.

농장 정보를 찾는 사이트

www.seasonalwork.co.nz
www.seasonaljobs.co.nz
www.backpackerboard.co.nz
www.jobscentral.co.nz
www.finda.co.nz

지역별 컨트렉터 회사 검색 사이트 www.mastercontractors.co.nz

북섬 (North Island)
Northland 지역
Northland 지역의 대표적인 농장일 : 만다린, 키위, 즈키니, 레몬, 아보카도 등

케리케리 (Kerikeri)
❶ 케리프레쉬 Ltd(Kerifresh Ltd) - 레몬 만다린 피킹&팩하우스
농장시즌 : All Year
전화번호 : (09) 407 8049
이 메 일 : employment@kerifresh.co.nz
주　　소 : Waipapa Road RD2, Kerikeri
홈페이지 : www.kerifresh.co.nz

❷ 오렌지우드 Ltd (Orangewood Ltd) - 만다린 피킹&팩하우스
농장시즌 : 3월~7월
전화번호 : 09 407 9839
이 메 일 : Kiwi@orangewood.co.nz
주　　소 : 311 Kapiro Road RD1, Kerikeri
홈페이지 : www.orangewood.co.nz

왕가레이 (Whangarei)
❶ 사타라 그룹 (Satara Co-Operative Group) - 키위, 아보카도 팩하우스
농장시즌 : 3월~8월
전화번호 : 0800 189 111, (09) 437 3003
이 메 일 : employment@satara.co.nz
주　　소 : Ngunguru Rd, Glenbervie, Whangarei
홈페이지 : www.satara.co.nz
근처숙소 : 왕가레이 폴스 홀리데이 파크(Whangarei Falls holiday Park)

숙소전화 : (09) 437 0609

숙소메일 : bakpak@whangareifalls.co.nz

숙소주소 : 12-16 Ngunguru Road, Glenbervie, Whangarei

홈페이지 : www.whangareifalls.co.nz

Auckland 지역

Auckland 지역의 대표적인 농장일 : 포도, 딸기, 즈키니, 만다린 등

❶ 잭티브 퍼시픽 Ltd (Jactive Pacific Ltd) - 만다린, 사과, 키위 피킹&팩하우스

농장시즌 : All Year

전화번호 : (021) 055 0397

이 메 일 : workingholiday_joy@yahoo.co.nz

❷ 브릭 베이 와인스 (Brick Bay Wines Ltd) - 포도 가지치기

농장시즌 : 6월~7월

전화번호 : (09) 425 4690

이 메 일 : wines@brickbay.co.nz

주　 소 : Arabella Lane (off Mahurangi East Rd) RD2, Warkworth

홈페이지 : www.brickbay.co.nz

Waikato 지역

Waikato 지역의 대표적인 농장일 : 사과, 배, 아스파라거스, 블루베리 등

키히키히 (Kihikihi)

❶ 블루베리 컨트리 Ltd (Blueberry Country Ltd) - 블루베리 피킹 & 팩하우스

농장시즌 : 1월~2월

매 니 저 : Erinna Lane

전화번호 : (07) 823 6923

이 메 일 : webquery@blueberry.co.nz

주　　소 : 397 Jary Rd RD1, Ohaupo
홈페이지 : www.blueberry.co.nz
근처숙소 : Alpha Hotel, (07) 870 4025, 13 Havelock Street, Kihikihi
근무시간 : Monday to Friday, 8.30 am to 5.30 pm

코로만델 (Coromandel)

❶ O P 콜롬비아(O P Columbia - Centre Island Seafoods) - 홍합 팩하우스

농장시즌 : 10월~7월
매 니 저 : Maria
전화번호 : (07) 866 2486
이 메 일 : maria@opcolumbia.co.nz
주　　소 : 271 South Highway, Whitianga
홈페이지 : www.opcolumbia.com
근무시간 : Monday to Friday, 6.00 am to 3.00 pm
야간근무 : Monday to Friday, 3.30 pm to 12.00 am

Bay of Plenty 지역

Bay of Plenty 지역의 대표적인 농장일 : 키위, 아보카도, 감귤류 등

키위 Packing : 4월~ 6월말(매일 2교대)
키위 Re-Packing : 6월~ 9월말
아보카도 Packing : 10월~12월

타우랑가 (Tauranga)

❶ 바인테크 (Vinetech Ltd) - 포도 가지치기

농장시즌 : 7월~9월
매 니 저 : Peter Altham
전화번호 : (07) 548 0489, (027) 436 7332
이 메 일 : vinetech@yahoo.co.nz
주　　소 : 24 Pahoia Rd RD2, Tauranga

카티카티 (Katikati)

❶ 아웅가테테 쿨스토어스 (Aongatete Cool stores) - 키위, 아보카도 팩하우스

농장시즌 : 3월~9월

매 니 저 : Clive Exelby

전화번호 : (07) 552 0916

이 메 일 : enquiry@coolstore.co.nz

주　　소 : 2380 State Highway 2 RD2, Katikati

홈페이지 : www.coolstore.co.nz

농장숙소 : 보유(선착순)

기　　타 : 피킹 일자리 (Aongatete Avocados Ltd) 문의
　　　　　- Tony Bradley 027 274 7501

근무시간 : Monday to Sunday, 8.00 am to 5.00 pm

야간근무 : Night Monday to Sunday, 5.30 pm to 10.30 pm

❷ 아파타 팩하우스 (Apata Packhouse) - 키위, 아보카도 팩하우스

농장시즌 : All year

매 니 저 : Lenora Nottage

전화번호 : 0800 427 282, (07) 552 0523

이 메 일 : payroll@apata.co.nz

주　　소 : Turntable Road RD2, Katikati

홈페이지 : www.apata.co.nz

❸ 사타라 그룹 (Satara Co-Operative Group) - 키위, 아보카도 팩하우스

농장시즌 : 3월~8월

전화번호 : 0800 189 111, (07) 549 3748

이 메 일 : employment@satara.co.nz

주　　소 : Marshall Road, Katikati

홈페이지 : www.satara.co.nz

근처숙소 : 사파이어 스프링스 홀리데이 파크(Sapphire Springs Holiday Park)

숙소전화 : (07) 549 0768

숙소메일 : sapphire.springs@xtra.co.nz

숙소주소 : Hot Springs Road RD2, Katikati
홈페이지 : www.sapphiresprings.net.nz

❹ Ralf Rothschild - 키위 피킹, 가지치기, 팩하우스
농장시즌 : 4월~6월(키위 피킹), 6월~9월(겨울 플루닝), 10월~3일(여름 플루닝)
매 니 저 : Ralf Rothschild
전화번호 : 021 101 4277
주   소 : katikati
주의사항 : 최소 2개월 이상, 픽업비 $7/일

테 푸케 (Te Puke)

❶ 트레벌리안스 팩하우스(Trevelyan's Packhouse & Cool stores)
 - 키위 팩하우스
농장시즌 : 3월~6월
매 니 저 : Jodi Johnstone
전화번호 : (07) 573 0085
이 메 일 : work@trevelyan.co.nz
주   소 : 310 No.1 Road, RD2, Te Puke
홈페이지 : www.trevelyan.co.nz
전용숙소 : 보유
근무시간 : Monday to Sunday, 7.30 am to 5.00 pm
야간근무 : Monday to Sunday, 6.00 pm to 3.30 am

❷ 에로우쿨 팩하우스 (Aerocool Packhouse) - 키위, 아보카도 팩하우스
농장시즌 : 키위(4월~11월), 아보카도(10월~3월)
전화번호 : (07) 533 6212
이 메 일 : jobs@aerocool.co.nz
주   소 : 18 Mends Lane, Paengaroa, Te Puke
홈페이지 : www.aerocool.co.nz

❸ 이스트 팩 팩하우스 (EastPack Packhouse) - 키위 팩하우스

농장시즌 : 3월~6월
매 니 저 : Marci Denman
전화번호 : (07) 573 9309
이 메 일 : work@eastpack.co.nz
주   소 : 40 Te Puke Quarry Road, Te Puke
홈페이지 : www.eastpack.co.nz
근무시간 : Monday to Sunday, 8.00 am to 6.30 pm
야간근무 : Monday to Sunday, 7.30 pm to 6.00 am

※ EastPack Edgecumbe 지역 팩하우스
전화번호 : (07) 304 8226
이 메 일 : work@eastpack.co.nz
주   소 : 678 Eastbank Road, Edgecumbe

❹ 씨카 팩하우스 (Seeka Packhouse) - 키위 팩하우스
농장시즌 : 4월~11월
매 니 저 : Miriam Hutchings
전화번호 : (07) 573 6127
이 메 일 : contact@seeka.co.nz
주   소 : PO Box 47 TE PUKE
홈페이지 : www.seeka.co.nz
근무시간 : Monday to Sunday, 8.00 am to 5.00 pm
야간근무 : Monday to Sunday, 6.00 pm to 11.00 pm
새벽근무 : Monday to Sunday, 11.30 pm to 7.00 am

❺ 사타라 그룹 (Satara Co-Operative Group) - 키위, 아보카도 팩하우스
농장시즌 : 3월~8월
전화번호 : 0800 189 111, (07) 573 3418
이 메 일 : employment@satara.co.nz
주   소 : Washer Road, Te Puke,
홈페이지 : www.satara.co.nz

❻ Bagri Contracting Ltd - 키위 피킹, 가지치기

농장시즌 : All Year

매 니 저 : Kelly Singh

전화번호 : (07) 574 1545, 027 248 1309

주　　소 : 703 No.3 Road, Te Puke

특이사항 : 최소 2개월 이상, 픽업비($7/일)

픽킹시즌 : 3월 중순 ~ 6월 중순, 겨울(플루닝)

테 푸나 (Te Puna)

❶ DMS 팩하우스 (DMS Packhouse) - 키위, 아보카도 팩하우스

매 니 저 : Joy Johnson

전화번호 : (07) 552 5916

주　　소 : 318 Te Matai Rd, Te Puke

홈페이지 : www.dms4kiwi.co.nz

마운트 망가누이 (Mount Maunganui)

❶ 후카 팍 팩하우스 (Huka Pak Packhouse) - 키위, 아보카도 팩하우스

농장시즌 : 4월~6월

매 니 저 : Dianne Hughes

전화번호 : (07) 572 6043

이 메 일 : employment@hukapak.co.nz

주　　소 : 221 Totara St, Mt Maunganui

홈페이지 : www.hukapak.co.nz

❷ 사타라 그룹 (Satara Co-Operative Group) - 키위, 아보카도 팩하우스

농장시즌 : 3월~8월

전화번호 : 0800 189 111, (07) 574 5980

이 메 일 : employment@satara.co.nz

주　　소 : Totara Street, Mount Maunganui

홈페이지 : www.satara.co.nz

오포티키 (Opotiki)

❶ 오포티키 팩킹 & 쿨스토리지 Ltd (OPAC) - 키위 팩하우스

농장시즌 : 4월~6월

매 니 저 : Tessa Ranginui

전화번호 : (07) 315 8700

이 메 일 : info@opac.co.nz

주　　소 : 93 Waioeka Rd, Opotiki

홈페이지 : www.opac.co.nz

근무시간 : Monday to Sunday, 8.00 am to 5.00 pm

야간근무 : Monday to Sunday, 6.00 pm to 3.00 am

❷ 이스트 팩 팩하우스 (EastPack Packhouse) - 키위 팩하우스

농장시즌 : 3월~6월

전화번호 : (07) 315 5226

이 메 일 : work@eastpack.co.nz

주　　소 : 3 Stoney creek Road, Opotiki

홈페이지 : www.eastpack.co.nz

근무시간 : Monday to Saturday, 8.00 am to 6.30 pm

야간근무 : Sunday to Friday, 7.30 pm to 6.00 am

East Land 지역

East Land 지역의 대표적인 농장일 : 키위, 배, 멜론 등

기스본 (Gisborne)

❶ 오포티키 팩킹 & 쿨스토리지 Ltd (OPAC) - 키위 팩하우스

농장시즌 : 4월~6월

전화번호 : (06) 868 3555

이 메 일 : info@opac.co.nz

주　　소 : 267 Lytton Road Awapuni, Gisborne

홈페이지 : www.opac.co.nz

근무시간 : Monday to Sunday, 8.00 am to 5.00 pm
야간근무 : Monday to Sunday, 6.00 pm to 3.00 am

❷ 리버뷰 (Riverview) - 배, 멜론 피킹 등등
농장시즌 : 10월~5월
매 니 저 : David
전화번호 : (06) 862 3663
주   소 : Te Karaka, Gisborne
특이사항 : 자동차 필수

❸ 세븐 스타즈 호티커처 Ltd(Seven Stars Horticulture Ltd)
전화번호 : 06 863 0919
주   소 : 23 Cobden Street, Gisborne

Hawkes Bay 지역

Hawkes Bay 지역의 대표적인 농장일 : 사과, 포도, 배, 살구, 복숭아 등

네이피어 (Napier)

❶ 미스터 애플(Mr Apple) - 사과 피킹 & 팩하우스
농장시즌 : 솎아내기(11월~12월), 피킹(3월~5월), 팩하우스(2월~6월)
전화번호 : 0800 672 775, (06) 873 1061
이 메 일 : employment@mrapplenz.biz
주   소 : 149 Napier Road, Havelock North, Hastings
홈페이지 : www.workinnz.co.nz

❷ 맥켈비 오차드(McKelvie Orchards) - 사과 피킹
농장시즌 : 2월~5월
매 니 저 : Ian McKelvie
이 메 일 : mckelvieorchards@yahoo.co.nz
주   소 : 284 Meeanee Road, Napier

❸ 카보 푸룻 파일드 서비스Ltd(Kavo Fruit Filed Services Ltd)

전화번호 : 06 843 5128

주　소 : Unit 7, 144E Kennedy Road, Napier

헤스팅스 (Hastings)

❶ 크래스본 패킹 Ltd(Crasborn Packing Ltd) - 사과 팩하우스

농장시즌 : 2월~6월

매 니 저 : Erina MacDonald

전화번호 : 021 1904 252

주　소 : 1460 Omahu Rd RD 5, Hastings

홈페이지 : www.crasborn.co.nz

❷ 퍼노드 리카드 뉴질랜드 (Pernod Ricard New Zealand) - 포도 관련 일자리

농장시즌 : 2월~6월

매 니 저 : Stuart Dykes

전화번호 : (06) 833 6830

주　소 : Hawkes Bay vineyards

홈페이지 : www.jobs.pernod-ricard-nz.com

❸ 팀웍스 헉스베이 Ltd (Teamworks Hawkes Bay Ltd) - 사과 피킹

농장시즌 : 10월~4월

매 니 저 : Bubbly

전화번호 : (06) 879 5398

주　소 : PO Box 15104, Hastings

해버룩 노쓰 (Havelock North) 지역

❶ 해븐리 글로벌 서비스Ltd (Havenleigh Global Services Ltd)
　 - 사과, 체리, 포도 피킹&팩하우스

농장시즌 : All Year

매 니 저 : Andrew Forward

전화번호 : (027) 445 2013

이 메 일 : akds.goldenkiwi@xtra.co.nz

홈페이지 : www.hgs.co.nz

마나와투/왕가누이 (Manawatu/Wanganui) 지역

❶ 시덴코 푸드 (Cedenco Foods) - 과일, 야채 피킹&팩하우스

농장시즌 : 2월~6월

전화번호 : (06) 385 9490

이 메 일 : employment@cedenco.co.nz

주　　소 : Ohakune

홈페이지 : www.cedenco.co.nz

근무시간 : Monday to Friday, 7.00 am to 6.00 pm

웰링턴 (Wellington) 지역

❶ JR's Orchards Ltd - 사과 피킹 & 팩하우스

농장시즌 : 3월~5월

전화번호 : (06) 304 9009

이 메 일 : jrs@jrs.co.nz

주　　소 : 114 Pah Road, RD1, Greytown, Wairarapa

홈페이지 : www.jrs.co.nz

남섬 (South Island)
Marlborough 지역

Marlborough 지역의 대표적인 농장일 : 포도, 체리, 홍합 팩하우스 등

블래넘 (Blenheim) - 포도 솎아내기, 피킹, 가지치기 등등

❶ 빈콘 (Vincon) Ltd

농장시즌 : All Year

매 니 저 : Ram

전화번호 : (03) 577 6887, 021 516 533

이 메 일 : ram@vinvon.co.nz

주   소 : 11 Lifetime House, Market street, Blenheim
홈페이지 : www.vincon.co.nz
특이사항 : 장비 보증금, 픽업비($4/일)

❷ BK Ltd (B.K. Horticulture Ltd)
농장시즌 : All Year
매 니 저 : Ajay K Gaur
전화번호 : (03) 579 4611
이 메 일 : bkhl@xtra.co.nz
주   소 : 15 McKenzie Street, Blenheim
홈페이지 : www.bkhlimited.com
특이사항 : 전용숙소 보유

❸ 에이스 Ltd (ACE viticulture Ltd)
농장시즌 : All Year
전화번호 : (03) 579 2982
이 메 일 : aceviticulture@xtra.co.nz
주   소 : 6 Mitchell Streer, Redwoodtown, Blenheim
홈페이지 : www.aceviticultureltd.com

❹ 위더 힐스 (Wither Hills)
농장시즌 : All Year
전화번호 : (03) 578 4036
이 메 일 : vineyard@witherhills.co.nz
주   소 : 211 New Renwick Road, RD 2, Blenheim
홈페이지 : www.witherhills.co.nz

❺ 프로 라 와인 (Pro La Wine)
농장시즌 : All Year
매 니 저 : 알렉스
전화번호 : 021 626 619

이 메 일 : team@prolawine.co.nz

주　소 : PO Box 1037, Blenheim

홈페이지 : www.prolawine.co.nz

❻ AJIT 바인 서비스 (AJIT VINE Services)

농장시즌 : All Year

매 니 저 : Amrik

전화번호 : 027 499 6686

주　소 : P.O. Box 5099, Springlands, Blenheim

❼ 컬벡 빈야드 서비스 Ltd (Culbeck Vineyard Services Ltd)

농장시즌 : 5월~9월

매 니 저 : Marg Cullis

전화번호 : 021 544 204

이 메 일 : marg.cullis@xtra.co.nz

주　소 : 202 Scott Street, Blenheim

❽ 말보로 호티컬쳐 Ltd(Marlborough Horticulture Ltd)

농장시즌 : All Year

매 니 저 : Joy Turner

전화번호 : (03) 578 6227

주　소 : 120 High street., Blenheim

❾ 프로바인 Ltd (Provine Ltd)

농장시즌 : All Year

매 니 저 : Ken Prouting

전화번호 : (03) 578 4150

이 메 일 : provine@xtra.co.nz

주　소 : 17 corry crescent witherlea, blenheim

❿ 바인파워 Ltd (Vinepower Ltd)
농장시즌 : All Year
매 니 저 : Sharon
전화번호 : (03) 579 5005
이 메 일 : admin@vinepower.co.nz
주　　소 : 52B Grove RD, PO Box 5072, Springlands, Blenheim

⓫ 아라 Ltd (Ara Ltd)
농장시즌 : All Year
매 니 저 : Phillip Debruyn
전화번호 : (03) 572 6020
이 메 일 : phillip.debruyn@ara.co.nz
주　　소 : Winegrowers of Ara, PO Box 77, Renwick
홈페이지 : www.winegrowersofara.co.nz

⓬ 해븐리 글로벌 서비스 (Havenleigh Global Services Ltd)
　　- 과일, 야채 피킹&팩하우스
농장시즌 : 2월~4월
매 니 저 : Lei-Anne
전화번호 : (021) 810 087
이 메 일 : akds.goldenkiwi@xtra.co.nz
홈페이지 : www.hgs.co.nz

⓭ 털리스 (Talleys Ltd) - 야채, 홍합 팩하우스
농장시즌 : 각종 야채 팩킹(All Year), 홍합까기(11월~6월)
전화번호 : (03) 572 8526
이 메 일 : landvacancies@talleys.co.nz
주　　소 : 742 Old Renwick Road, Blenheim
홈페이지 : www.talleys.co.nz
근무시간 : Monday to Sunday, 6.00 am to 2.00 pm
야간근무 : Monday to Sunday, 2.00 pm to 10.00 pm

새벽근무 : Monday to Sunday, 10.00 pm to 6.00 am

Abel Tasman / Golden Bay 지역
Abel Tasman / Golden Bay 지역의 대표적인 농장일 : 사과, 키위, 포도 등

넬슨 (Nelson)
❶ 와이메아 널서리 (Waimea Nurseries Ltd) - 사과, 핵과류, 베리, 올리브 피킹

농장시즌 : All Year

전화번호 : (03) 544 2700

이 메 일 : enquiries@waimeanurseries.co.nz

주　　소 : Golden Hills Rd, RD1 Richmond, Nelson

홈페이지 : www.waimeanurseries.co.nz

❷ 브론테 오차드 (Bronte Orchards) - 사과 피킹

농장시즌 : 2월~5월

매 니 저 : Nick Fraser

전화번호 : (021) 247 4315

주　　소 : Bronte-Mapua, Nelson

모투에카 (Motueka)
❶ 털리스 (Talleys Ltd) - 야채, 홍합, 아이스크림 팩하우스

농장시즌 : 각종 야채 패킹(All Year), 홍합까기(11월~6월)

전화번호 : (03) 528 2800

이 메 일 : landvacancies@talleys.co.nz

주　　소 : Ward Street, Motueka

홈페이지 : www.talleys.co.nz

❷ AB 우드 홀딩 Ltd (AB Wood Holding Limited) - 사과 피킹

농장시즌 : 2월~5월

매 니 저 : Ashton & Anna Wood

전화번호 : (03) 526 6020

주　　소 : Lower Moutere, Mairiri, Motueka
특이사항 : 전체 시즌 동안 일 할 워커만 구인

❸ 굿 맨 오차드 (Goodman Orchards) - 사과 피킹
농장시즌 : 2월~4월
매 니 저 : Daryl Goodman
전화번호 : (021) 181 2603
주　　소 : Marriages Rd Tasman, RD 1 Upper Moutere, Nelson

❹ 마하우 오차드 (Mahau Orchard) - 사과 피킹
농장시즌 : 3월~5월
매 니 저 : Michael & Francine Thompson
전화번호 : (03) 544 7313
주　　소 : 89 Pugh Road, R.D.1. Richmond, Nelson

❺ 자그로스 오차드 (Zagros Orchard) - 사과 솎아내기, 피킹
농장시즌 : 11월~4월
매 니 저 : Henry McQuillan
전화번호 : (03) 540 2513
주　　소 : Coast at Ruby Bay near Mapua

❻ 토마스 브라더스 (Thomas Brothers) - 사과, 키위 팩하우스
농장시즌 : 2월~6월
매 니 저 : Brian Brown
전화번호 : (03) 528 7831
주　　소 : Dehra Doon Rd, Riwaka, Motueka

캔터베리 (Canterbury) 지역

❶ 케언즈 캠피언 포테이토스 (Cairns Campion Potatoes) - 감자 팩하우스
농장시즌 : 4월~6월

매 니 저 : Malcolm Cairns

전화번호 : (027) 414 4164

주　　소 : 12 RD, Rakaia, Mid Canterbury

근무시간 : Monday to Friday, 8 am to 5-7 pm

❷ 캔스탭 (Canstaff) - 아스파라거스, 체리 피킹

농장시즌 : All Year

매 니 저 : Andrew McDonald

전화번호 : (03) 308 7038

주　　소 : 72 Cass Street, Ashburton

홈페이지 : www.canstaff.co.nz

❸ 갈리팬 팜 Ltd (Garlefan Farm Ltd) - 양파 팩하우스

농장시즌 : 1월~6월

매 니 저 : Greg, Joanne or Daniel Lovett

전화번호 : (03) 302 3893

주　　소 : 285 Wakanui School Road, No 7 RD, Ashburton

❹ 카이투나 오차드 (Kaituna Orchards) - 과일 솎아내기 (Thinning)

농장시즌 : 10월~1월

매 니 저 : John Revill

전화번호 : (03) 329 0852

주　　소 : Kaituna Valley, RD 2, Christchurch / 특이사항 : 최소 3개월 이상

❺ 리더브랜드 사우스 아일랜드 (LeaderBrand South Island) - 호박 팩하우스

농장시즌 : 3월~4월

매 니 저 : Linda Hammerich

전화번호 : (03) 302 2897

주　　소 : 416 Chertsey Road, RD 2, Ashburton

❻ 오클리스(Oakleys) - 호박 피킹

농장시즌 : 4월~5월

매 니 저 : Robin Oakley

전화번호 : (03) 324 2902

주   소 : Cryers Rd, Southbridge, Canterbury

홈페이지 : www.oakleys.co.nz

센트럴 오타고 (Central Otago) 지역
Central Otago 지역의 대표적인 농장일 : 포도, 체리, 사과, 복숭아, 살구, 자두 등

오타고 지역 농장 일자리 검색 사이트
: www.jobscentral.co.nz , www.centralotagonz.com

알렉산드라 (Alexandra) - 사과, 살구, 체리, 복숭아, 배 피킹&팩하우스
❶ 잡스 센트럴 (Jobs Central) - 시즈널 일자리 정보 제공

전화번호 : 0800 54 55 67, (03) 440 2028

이 메 일 : work@jobscentral.co.nz

주   소 : 67 Tarbert Street, Alexandra

홈페이지 : http://www.jobscentral.co.nz

영업시간 : 09:00am - 04:00pm(월~금), 휴무(토/일/공휴일)

❷ 힌톤스 오차드 (Hinton's Orchard)

농장시즌 : 1월~10월

매 니 저 : Sarah Hinton

전화번호 : (03) 448 8231

이 메 일 : fruit@hinton.co.nz

주   소 : Blackmans Road Earnscleugh

팩하우스 : Chicago Street, Alexandra

홈페이지 : www.hinton.co.nz

농장숙소 : 보유

❸ H & J 로버츠 (H&J Roberts)

농장시즌 : 12월~4월

매 니 저 : Harry & John Roberts

전화번호 : (03) 449 2047

이 메 일 : info@hjroberts.co.nz

주　　소 : 8 McIntosh Rd, RD 1, Alexandra

홈페이지 : www.hjroberts.co.nz

농장숙소 : 보유

❹ 썸머푸룻 오차드 Ltd (Summerfruit Orchard Ltd)

농장시즌 : 11월~3월

매 니 저 : Irene Weaver

전화번호 : (03) 449 2203, 021 187 9849

이 메 일 : summerfruit@summerfruit.co.nz

주　　소 : Conroys Road, Earnscleugh, 1RD, Alexandra

농장숙소 : 보유

❺ 베니스 오차드 (Bennie's Orchard)

매 니 저 : Michael Bennie

전화번호 : (03) 448 8497

이 메 일 : admin@bennies.co.nz

주　　소 : 91 Rockview Road, Springvale, Alexandra

❻ 맥킨토시 오차드 & 팜 (Mcintosh Orchard and Farm)

매 니 저 : Sharyn, Stuart & Wayne McIntosh

전화번호 : (03) 449 2044

이 메 일 : mcintoshorchard@xtra.co.nz

주　　소 : McIntosh Road, Rapid no 115, Earnscleugh RD 1, Alexandra

❼ 팬무레 오차드 Ltd (Panmure Orchards Ltd)

매 니 저 : Jeremy Hiscock

전화번호 : (03) 449 2672

이 메 일 : jeremy@panmureorchards.co.nz

주　소 : Strode Road, Rapid no 214, Earnscleugh, Alexandra

록스버그 (Roxburgh) - 체리, 복숭아, 살구, 사과 피킹&팩하우스

❶ 달링스 푸룻 팩커스 Ltd (Darlings Fruit Packers Ltd)

농장시즌 : 3월~5월

매 니 저 : Sally Darling or Judy Dunick

전화번호 : (03) 446 6703

이 메 일 : admin@DarlingsFruit.co.nz

주　소 : SH8, Rapid No. 5433, Ettrick, Roxburgh

홈페이지 : www.darlingsfruit.co.nz

농장숙소 : 보유

❷ 리마커블 오차드 (Remarkable Orchards)

농장시즌 : 1월~5월

매 니 저 : Toni Birtles

전화번호 : (03) 446 6725, 021 294 1977

이 메 일 : toni@villarose.co.nz

주　소 : McElligot Road, Roxburgh

홈페이지 : www.remarkableorchards.co.nz

농장숙소 : 보유

❸ 웨더올스 오차드 (Weatherall's Orchard)

매 니 저 : Malcolm & Willis Weatherall

전화번호 : (03) 446 8699

주　소 : Rapid No. 3168, Coal Creek Road, Roxburgh

❹ 클루샤 팩킹 센터 (Clutha Packing Centre)

매 니 저 : Gary Bennetts & Steven Jeffery

전화번호 : (03) 446 8151

이 메 일 : clutha@xtra.co.nz

주　　소 : SH8, Rapid No. 3492, Coal Creek Flat, Roxburgh

크롬웰 (Cromwell) - 살구, 자두, 체리, 사과, 복숭아 피킹&팩하우스

❶ 썬크레스트 오차드 (Suncrest Orchard)

농장시즌 : 10월~4월

매 니 저 : Michael Jones

전화번호 : (03) 445 0275, 027 226 2791

이 메 일 : info@mrsjonesorchard.co.nz

주　　소 : State Highway 6, Cromwell

홈페이지 : www.mrsjonesorchard.co.nz , 농장숙소 : 보유

❷ 사리타 오차트 (Sarita Orchard Ltd)

매 니 저 : Duncan

전화번호 : (03) 445 1184

이 메 일 : info@saritaorchard.co.nz

주　　소 : Rapid 436 RD2, Ripponvale

홈페이지 : www.saritaorchard.co.nz

❸ 캐릭 글렌 오차드 (Carrick Glen Orchard)

농장시즌 : 10월~4월

매 니 저 : Maurice & Shirley Turner

전화번호 : (03) 445 0942

주　　소 : Jocelyn Road, Bannockburn, Cromwell

❹ 잭슨 오차드 (Jackson Orchards)

농장시즌 : 11월~3월

매 니 저 : Kevin Jackson

전화번호 : (03) 445 1285

이 메 일 : info@jacksonorchard.co.nz

주　　소 : State Highway 6, Cromwell

홈페이지 : www.jacksonorchard.co.nz　 농장숙소 : 보유

❺ 프리웨이 오차드 (Freeway Orchard)

농장시즌 : 11월~3월

매 니 저 : Kevin Jackson

전화번호 : 0800 283 378, (03) 445 1500

이 메 일 : info@freewayorchard.co.nz

주　　소 : Highway 8B, Cromwell

홈페이지 : www.freewayorchard.co.nz

❻ 오차드 프레쉬 (Orchard Fresh)

농장시즌 : 12월~2월

매 니 저 : Tim J Jones

전화번호 : 0800 665 963, (03) 445 1402

이 메 일 : employment@molyneux.co.nz

주　　소 : Corner Ord Road & State Highway 6, Cromwell

홈페이지 : www.orchardfresh.co.nz

❼ JR 웹 & 선스 (JR Webb & Sons)

농장시즌 : 10월~5월

매 니 저 : Simon

전화번호 : (03) 445 3660, 027 290 7731

이 메 일 : jpwebb@xtra.co.nz

주　　소 : Wanaka Road RD2, Cromwell

❽ 피닉스 오차드 (Phoenix Orchards)

전화번호 : (03) 445 1053

주　　소 : Felton Road, Cromwell

❾ 해븐리 글로벌 서비스 Ltd (Havenleigh Global Services Ltd)

농장시즌 : 11월~2월

매 니 저 : Lei-Anne

전화번호 : (021) 810 087

이 메 일 : akds.goldenkiwi@xtra.co.nz

홈페이지 : www.hgs.co.nz

클라이드 (Clyde) - 살구, 복숭아, 체리, 사과, 자두, 포도

❶ 알파인 오차드 (Alpine Orchards)

농장시즌 : 1월

매 니 저 : Kevin Paulin

전화번호 : (03) 449 2873

이 메 일 : alpinepac@xtra.co.nz

주　　소 : Earnscleugh Road, Clyde

❷ 포레스트스 오차드 (Forest's Orchard)

농장시즌 : 10월~4월

매 니 저 : Bill & Kathy Forest

전화번호 : (03) 449 2629

이 메 일 : for.orch@ihug.co.nz

주　　소 : Strode Road, Rapid No 270, Earnscleugh, Alexandra

04 직업소개소에서 찾기

　　농장 지역에는 그 지역의 대표적인 농장일 정보와 구인 정보를 제공해주는 Work & Income, PickNZ 등과 같은 직업소개소가 있다. 직업소개소에서는 농장 일자리를 알선해 주거나 워킹홀리데이 연장 퍼밋, 시즈널 워크 퍼밋, IRD 번호 신청에 대한 대행 업무를 해주기도 한다. 아무런 정보 없이 농장 지역에 도착하여 일자리 정보를 찾는다면 가장 먼저 직업소개소를 찾아서 농장 정보를 얻도록 하자.

Work & Income(www.winz.govt.nz)

일반 문의 : 0800 559 009
일자리 정보 : 0800 779 009
이메일 문의 :
information@msd.govt.nz

지 역	전화번호	도 시	주소
Northland	0800 559 009	케리케리(Kerikeri)	Keri Centre, Fairway Drive, Kerikeri
		왕가레이(Whangarei)	Walton Plaza, 3-5 Albert Street, Whangarei
Waikato	0800 559 009	코로만델(Coromandel)	65 Wharf Road, Thames
		해밀턴(Hamilton East)	384 Grey Street, Hamilton
Bay of Plenty	0800 559 009	카티카티(Katikati)	Resource Centre Beach Road, Katikati Open on Tuesday and Thursday 9am - 3pm
		망가누이(Mt. Maunganui)	9 Owens Place, Bayfair, Mt. Maunganui
		오포티티(Opotiki)	93 Church Street, Opotiki
		타우랑가(Tauranga)	Corner Durham Street and Springs Street, Tauranga
		테 푸케(Te Puke)	108 Jellicoe Street, Te Puke
East Coast	0800 559 009	기스본(Gisborne)	Tangata Rite Building, Lowe Street, Gisborne
		헤스팅스(Hastings East)	208 Heretaunga Street, Hastings
		헤스팅스(Hastings West)	819 Heretaunga Street, Hastings
		네이피어(Napier)	Vautier House, Corner Dalton Street and Vautier Street, Napier
Wairarapa	0800 559 009	와이라라파(Wairarapa)	49-51 Lincoln Road, Masterton
Nelson	0800 559 009	모투에카(Motueka)	236 High Street, Motueka
		넬슨(Nelson)	22 Bridge Street, Nelson
Marlborough	0800 559 009	블래넘(Blenheim)	Riverview House, 3 Alfred Street, Blenheim
Central Otago	0800 559 009	알렉산드라(Alexandra)	57 Tarbert Street, Alexandra

PickNZ(www.picknz.co.nz)

지 역	이메일	전화번호	주 소
Northland	northland@picknz.co.nz	**0800 742 569 extn. 1**	Work & Income Building, Upper Level Fairway Drive, Kerikeri Northland 0246
Waikato	waikato@picknz.co.nz	**0800 742 569 extn. 2**	542B Grey St Hamilton 3216
Bay of Plenty	kiwifruitlabour@clear.net.nz	**0800 742 569 extn. 3**	Te Puke Community Care Centre 100 Jellicoe St Te Puke 3119
Hawkes Bay	hawkesbay@picknz.co.nz	**0800 742 569 extn. 4**	Williams & Kettle Site Cnr Maraekakaho & Orchard Roads Hastings 4120
Wairarapa	wairarapa@picknz.co.nz	**(06) 370 9208**	26 Perry Street PO Box 868 Masterton 5810
Nelson	nelson@picknz.co.nz	**0800 742 569 extn. 5**	Motueka Service Centre 236 High St Motueka 7120
Marlborough	marlborough@picknz.co.nz	**0800 742 569 extn. 6**	Riverview House, Centre Point Carpark High Street Blenheim 7201
Central Otago	centralotago@picknz.co.nz	**0800 742 569 extn. 7**	67 Tarbert St PO Box 326 Alexandra 9320

5

농장일 준비하기

농장일은 날씨의 영향을 많이 받기 때문에 상황에 따라 준비해야 할 물품들이 많다. 비가와도 일을 하고, 작물을 피킹하다가 가시에 찔려 상처가 날수도 있다. 또한 강한 자외선으로 인한 피부 트러블도 조심해야 한다. 농장일의 종류에 따라서 준비하면 도움이 되는 물품들을 알아보자. 이런 물품들은 현지에서도 준비할 수 있기 때문에 짐이 많으면 굳이 한국에서 가져가지 않아도 된다.

1_ 우비

뉴질랜드에서 구입할 수 있는 우비는 저렴한 것은 무겁고, 가벼운 것은 비싼 편이다. 질 또한 좋지 않기 때문에 우비는 한국에서 가볍고 질 좋은 것을 준비해서 오자. 뉴질랜드 기후는 워낙 변화가 심해 비가 오다가도 햇빛이 나기 때문에 편하게 벗고 입을 수 있는 우비가 좋다. 우비는 야외에서 일하는 워커들은 필수지만 팩하우스 같이 실내에서 일하는 워커들은 필요 없다.

2_ 코팅된 면장갑

작물을 피킹하거나 박스를 나를 때 손을 보호하기 위해서는 장갑이 꼭 필요하다. 가시가 있거나 잎이 날카로운 작물을 피킹할 때 손에 상처가 날 수 있으며, 추운 겨울에 보온을 위해서도 장갑은 필수이다. 장갑을 준비해주는 농장도 있지만 보통 일반 면장갑을 주기 때문에 쉽게 구멍이 나거나 찢어지기 쉽다. 반면에 코팅된 면장갑을 쓰면 쉽게 찢어지지 않고 오래 쓸 수 있다.

3_ 야외 작업용 모자

뉴질랜드는 자외선이 강한 나라 중에 하나이다. 그만큼 햇빛에 노출이 되면 피부 트러블이 생기기 쉽고, 하루 종일 야외에서 농장일을 하는 워커들에게 모자는 필수품이다. 보통 워커들은 야구 모자를 쓰거나 수건을 머리에 두르지만 목이나 얼굴을 햇빛으로부터 보호하기에는 역부족하다. 게다가 통풍이 되지 않아 머리는 덥고, 수건도 자꾸 흘러내려서 일에 방해가 된다. 이럴 때 야외 작업용 모자를 쓴다면 자외선의 노출 범위를 줄일 수 있어 피부 트러블을 예방할 수 있고, 일도 집중해서 할 수 있다. 팩하우스에서 일하는 워커들은 모자는 필요 없다.

4_ MP3 Player or Radio

팩하우스에서 일 할 때는 라디오를 들려주기 때문에 음악이 나오지만, 야외에서 일 할 때는 워커들과의 잠깐의 대화가 전부이다. 이럴 때 MP3 플레이어로 자신이 좋아하는 음악을 들으면서 작업 능률을 높이거나 뉴질랜드 라디오를 들으면서 영어 공부를 하자. 돈도 벌고 영어도 공부하는 1석 2조의 효과를 볼 수 있다. 머리에 잘 들어오는 오전에는 외국 팝송이나 라디오를 들으면서 영어 듣기를 하고, 힘든 오후에는 개인 취향의 음악을 들으면서 일을 하면 지루한 시간을 잘 이겨낼 수 있다. 농장에서 일 할 때는 고장 날 위험이 많기 때문에 되도록이면 저렴하고 저장 용량이 많은 MP3 Player를 사도록 하자. 저렴한 것은 뉴질랜드 내에서도 구입할 수 있다.

5_ 손목 토시

토시는 특히 밭에서 날카로운 잎이 있는 채소를 피킹할 때 유용하다. 작물을 피킹하다가 손목이 잎에 긁혀 따갑거나, 상처가 나기도 한다. 오랫동안 일하게 되면 면바지가 찢어질 정도로 잎이 날카로우니 특히 서양 호박[Zuccihini]을 피킹하는 일을 할 때 토시를 끼면 손목을 보호할 수 있다. 토시는 $2 Shop에 가면 저렴한 것을 살 수 있다. 토시 대신 버리는 양말로 토시를 만들어서 사용할 수도 있다.

6_ 침낭

농장 숙소나 백팩커의 침대는 많은 사람들이 사용하기 때문에 공동으로 쓰는 이불 대신 개인 침낭을 준비해오는 워커들이 많다. 침낭은 난방이 약한 겨울철에 유용하게 쓰이며, 이불을 빌리는데 돈을 내야하는 숙소도 있기 때문에 하나씩 준비해서 가져가면 좋다. 하지만 한국에서는 거의 사용하지 않기 때문에 뉴질랜드에 와서 필요할 때 저렴한 침낭을 사서 쓰고, 귀국할 때 다른 친구에게 팔거나 주고 가도록 하자.

7_ 맨소래담 로션 또는 파스

농장에서 일하다보면 평소 쓰지 않던 신체 부위를 많이 쓰기 때문에 몸이 뻐근하거나 근육이 뭉칠 때가 많다. 이럴 때 파스나 맨소래담 로션으로 긴장된 근육을 풀어주자. 현지보다 한국이 더 저렴하기 때문에 한국에서 여유분을 챙겨오도록 한다. 가끔 벼룩이나 샌드 플라이에 물릴 때도 있으니 벌레물린데 바르는 약도 챙겨오도록 하자.

8_ 농장용 신발

야외에서 일하면 신발이 쉽게 더러워지기 때문에 농장용으로 저렴한 운동화를 구입해 일하러 갈 때 신도록 하자. 항상 젖어있는 밭일을 할 때는 운동화 보다는 장화를 신도록 하고, 사다리를 사용하는 농장일을 할 때는 바닥이 고무재질로 되어 미끄러지지 않는 신발을 신는 것이 안전하다. 저렴한 신발은 뉴질랜드에서도 구입할 수 있다.

9_ 기타

자외선을 차단하기 위한 선크림, 긴팔 남방이나 티셔츠, 점심을 위한 도시락 박스 등을 준비한다.

　농장에서 일하는 사람들은 하루를 어떻게 보낼까? 농장의 하루는 아침부터 저녁까지 바쁘게 흘러간다. 처음 농장 숙소에 도착하면 많은 워커들이 내일을 위해 분주하게 움직이는 모습을 볼 수 있다. 농장에서의 하루 일과는 마치 시간표를 만들어 놓은 것처럼 반복되는 일정이다. 새벽에 일어나 씻고, 아침 식사를 한다. 그리고 점심 도시락을 싸거나 미리 도시락을 준비한 워커들은 조금 더 늦게 일어나는 여유를 부리곤 한다. 차들이 모이면 배정된 농장으로 가는 차에 타고 농장으로 향한다. 만약 야외에서 일을 할 경우 아침에 비가 온다면 대기하고 있다가 비가 멈추면 일을 나가고, 비가 멈추지 않으면 그날 일을 쉬기도 한다. 반면에 실내에서 하는 팩하우스 일은 날씨에 구애받지 않고 일할 수 있다. 일하는 시간은 능력제와 시간제에 따라서 다르다. 능력제로 일을 할 경우 쉬는 시간을 자신이 조절할 수 있지만 쉬는 시간이 많으면 그만큼 돈을 벌지 못한다는 것을 기억하자. 시간제는 하루에 고정된 시간으로 일하며, 보통 쉬는 시간이 10분, 점심 시간이 30분으로 정해져 있다.

능 력 제 (Contract)	시 간	시 간 제 (Hourly)
기상! 세면, 아침식사, 점심 도시락 준비, 일터로 출발	6시~7시	기상! 세면, 아침식사, 점심 도시락 준비, 일터로 출발
능력제는 자신이 하는 만큼 버는 것이기 때문에 스스로 휴식 시간조절	7시~12시	팩하우스에서 시간제 일을 하며 보통 2시간 일하고 10분 휴식 시간
점심시간(30분~1시간)	12시~13시	점심시간(30분~1시간)
휴식 시간을 스스로 조절하면서 16시 30분~17시 사이에 일을 마침	13시~17시	2시간 일하고 10분 휴식하며, 16시 30분~17시 사이에 일을 마침
숙소 도착, 샤워, 저녁 식사	17시~18시	보통 17시 이후는 능력제 일과와 같지만 야근을 하는 경우에는 21시까지 일하는 경우도 있다.
자유 시간 (TV 시청, 친구들과 수다, 공부 등등)	19시~20시	
취 침	21시~22시	취 침

능력제와 시간제는 하루에 보통 8~10시간 일을 한다. 월요일부터 금요일까지 주 5일 일하는 것이 일반적이지만 작물에 따라 일주일 내내 일하는 농장도 있다. 능력제로 일하는 워커들 중에 돈을 벌기 위해 무리하게 일하는 워커들이 있는데 건강을 해칠 수도 있기 때문에 적당히 쉬면서 일하도록 하자. 아침에 몸이 아프면 미리 농장주나 컨트렉터에게 얘기해서 Day Off를 내고 쉴 수 있다.

농장의 하루일과   팩하우스의 하루일과

1_ 뉴질랜드 최저 임금

YEAR	ADULT	YOUTH	TRAINING
1 March 1997	$7.00	$4.20	
6 March 2000	$7.55	$4.55	
5 March 2001	$7.70	$5.40	
18 March 2002	$8.00	$6.40	
24 March 2003	$8.50	$6.80	$6.80
1 April 2004	$9.00	$7.20	$7.20
21 March 2005	$9.50	$7.60	$7.60
27 March 2006	$10.25	$8.20	$8.20
1 April 2007	$11.25	$9.00	$9.00
1 April 2008	$12.00	$9.60	$9.60
1 April 2009	$12.50	$10.00	$10.00

　성인 최저임금은 16세 이상의 신입생 또는 연습생을 제외한 모든 근로자에게 적용된다. 2009년 현재 뉴질랜드 최저 임금은 어른의 경우 $12.50 이다. 하루에 8시간을 일한다면 $100을 벌 수 있으며, 일주일에 40시간을 일한다면 세금을 포함해서 약 $500을 벌 수 있다. 고용주는 법적으로 최저임금 이상의 금액을 지불해야한다. 2007년 3월 이후부터 시간당 급여가 $10을 넘었으며 홀리데이 페이(8%)를 함께 받는다면 2009년 4월부터 일하는 워커의 시간당 급여는 $13.50 이상이 된다. 일하기 전에 급여를 꼭 확인해보고 최저 임금 이상의 급여를 받을 수 있도록 하자.

2_ 홀리데이 페이

　근로자가 1년 미만으로 일을 했다면 해당 연도에 받았던 총 급여의 8%(2009년 기준)를 그만둘 때 홀리데이 페이로 받을 수 있고, 여기에 다시 세금이 공제된 금액으로 지급된다. 1년 이상 일하게 된다면 연차 휴가로 적립되었다가 나중에 사용할 수 있게 된다. 홀리데이 페이가 급여에 포함되어 나오는 경우도 있는데 이것은 PAYG(Pay As You Go, 원천징수)에 의한 급여 또는 12개월 미만의 고정된 기간의 고용이나 때때로 중단되는 불규칙한 고용일 때 홀리데이 페이를 주급에 포함해서 지급받게 된다. 주급에 홀리데이 페이가 포함되어 급여를 받는 대표적인 일 중 하나가 바로 농장일이다.

3_ 공휴일 근무에 대한 급여

모든 근로자들은 공휴일을 유급 휴일로 쉴 권리가 있다. 단, 그날이 원래는 근무일인데 공휴일이라서 일하지 못했을 때 적용된다. 공휴일에는 성탄절 및 신년 휴일 그리고 기타 모든 휴일 이렇게 두 가지 유형이 있다.

성탄절 및 신년
성탄절 _ 12월 25일
복싱 데이(Boxing Day) _ 12월 26일
설날 및 그 익일 _ 1월 1일 & 2일

이 공휴일이 토요일이나 일요일과 중복되는 경우에는 그 다음 월요일이나 화요일로 이월되므로 결국 1일의 유급 휴일이 주어진다. 토요일이나 일요일에 일하는 근로자들은 그 날에 대해서 유급 휴일로 쉴 권리가 있다. 근로자들이 성탄절과 신년 기간 중 쉴 수 있는 유급 공휴일은 자신의 근로 형태에 상관없이 4일을 초과하지 못한다.

기타 모든 휴일
와이탕이 데이(Waitangi Day) _ 2월 6일
성금요일(Good Friday) 및 부활절 다음 월요일(Easter Monday)
_ 매년 날짜가 달라짐
현충일(ANZAC Day) _ 4월 25일
여왕 탄신일(Queen's Birthday) _ 6월 첫째 월요일
노동절 _ 10월 넷째 월요일
지방 축제일 _ 지방별로 날짜가 다름

이 공휴일들은 바로 그날에만 적용되고 토요일이나 일요일과 중복되더라도 다른 날로 대체되지 않는다. 고용주와의 합의에 따라 이 공휴일을 다른 날에 쉴 수는 있지만 워커의 전체 공휴일 일수를 줄이는 것은 허용되지 않는다. 공휴일에 일을 하는 근로자는 일한 시간에 대해여 최소 1.5배의 급여를 받을 권리가 있다. 고용주는 근로자로 하여금 공휴일에 근무하도록 할 수 있는데 공휴일이 아니었다면 그 날이 근로자가 일을 하였을 날일 때 그리고 공휴일에 일을 할 수도 있다고 근로자의 고용계약서 상에 명시되어 있을 때 이렇게 두 가지 경우이다.

다음의 경우 더욱 복잡한 공휴일 규칙이 적용된다.
교대제 근무자 / 필요시마다 호출되어 일하는 근로자
'공휴일이 아니었다면 근무일'의 의미를 둘러싸고 분쟁이 발생하는 경우

이런 경우와 관련해서 보다 자세한 내용은 고용주와 상의하거나 노동부에 문의하도록 하자.

노동부 홈페이지 www.ers.dol.govt.nz
노동부 이메일 문의 info@dol.govt.nz
고용, 임금, 휴가, 퇴직 관련 전화 문의 0800 209 020, +64 9 969 2950

04 급여와 Payslip

1_ 급여(Wage) 지불 과정

뉴질랜드에서 아르바이트를 하거나 농장일을 하게 되면 주 단위로 급여를 받게 된다. 고용주는 워커가 첫째 주에 일을 해서 번 돈을 둘째 주에 은행 계좌로 입금해 주며, 급여명세서[Payslip]도 함께 준다. 급여 명세서는 나중에 세금 환급을 위한 자료로 사용되기 때문에 모아두자.

	월	화	수	목	금	토	일
첫째주	농장에서 일하기!						
둘째주	첫째주 페이내역 정리		페이슬립 인쇄 및 발송	워커 계좌에 입금		휴 식	
셋째주	둘째주 페이내역 정리		페이슬립 인쇄 및 발송	워커 계좌에 입금		휴 식	

위의 표와 같이 첫째 주에 농장에서 일하게 되면 보통 둘째 주 목요일~금요일에 은행 계좌로 일주일치 급여가 입금된다. 고용주는 보통 월요일~화요일까지 급여 내역을 정리하고, 수요일에 급여 명세서를 준비하고 워커들에게 나눠준다. 급여를 정상적으로 받기 위해서는 IRD 번호가 필요하다. IRD 번호를 신청하고 번호가 나오기 전에 농장에서 일하는 워커들은 IRD 번호가 나올때까지 급여를 받지 못하는 경우도 있기 때문에 IRD 번호를 먼저 받고 일하도록 하자. IRD 번호가 없으면 세금으로 약 45%가 공제된다.

급여는 보통 은행 계좌로 입금이 되지만 현금으로 지불하는 고용주도 있다. 현금으로 주고 세금을 내는 고용주도 있지만 세금을 내지 않고 워커들에게 바로 현금으로 지불하는 악덕 고용주들도 있다. 세금을 지불하지 않고 일하는 것은 불법이고, 나중에 불이익을 당할 수 있기 때문에 주의하도록 하자. 일하면서 자신의 세금이 정확히 납부되고 있는지는 IRD 사무실에서 확인할 수 있다. 농장일은 주로 시내와 떨어진 외진 곳에서 일하기 때문에 IRD 사무실에 찾아가기 힘들다면 전화로도 확인해 볼 수 있다. 사정에 따라서 고용주가 세금을 바로 지불하지 못하는 경우도 있으니 쉽게 오해가 생기지 않도록 급여를 받고 1~2주가 지난 후에 확인해 보는 것이 좋다. 만약 잘못된 세금 코드를 사용하여 세금이 오버페이 됐다면 그 차액은 세금 환급으로 돌려 받을 수 있다.

소득세(Income tax) & 일반 문의 : 0200 227 774
세금 공제된 실제 급여가 맞는지 계산해보는 사이트
: https://interact2.ird.govt.nz/forms/payecalculator

2_ 급여 명세서 (Payslip)

농장일을 하면 규격화된 양식의 급여 명세서를 받는다. 이런 급여 명세서를 페이슬립^{Payslip}이라고 한다. 소규모 농장의 경우 직접 농장주가 주기도 하며, 큰 규모의 회사나 팩하우스의 경우 급여를 담당하는 직원이 인쇄해서 워커들에게 준다. 페이슬립에는 한 주 동안 일 한 시간(또는 피킹한 양)과 세금 그리고 총 급여가 표시되어 있다. 보통 팩하우스에 일하는 워커들의 경우 규격화된 양식의 페이슬립을 받는다. 피킹을 하는 농장에서는 규격화된 양식의 페이슬립을 주는 곳도 있지만, 소규모 농장의 경우 고용주가 직접 만든 양식으로 페이슬립을 주는 곳도 있다. 여기서 중요한 것은 제대로 된 급여를 지급하고, 정확한 세금을 내는 것 이 두 가지이다.

컨트렉터의 소개로 일하는 워커들의 페이슬립이 다른 경우가 많다. 컨트렉터를 통해서 일하는 워커들의 급여와 세금은 농장주가 아닌 컨트렉터가 관리하게 된다. 이럴 때 컨트렉터는 직접 페이슬립을 만들어 급여와 함께 지불한다. 농장주가 컨트렉터에게 워커들의 총 급여를 지불하면 컨트렉터는 그 돈으로 워커들에게 급여를 지급하고 세금을 내기 때문에 농장주의 일이 한결 편해지게 된다. 물론 농장주도 믿을만한 컨트렉터와 계약을 해야 이렇게 하는 것이고, 페이나 세금은 농장주가 주고 커미션만 받는 컨트렉터도 있다. 컨트렉터도 직업인 만큼 많은 워커들을 고용하고 그에 따른 세금을 IRD에 지불하면서 컨트렉터로서 인증을 받게 된다.

가끔 농장주가 제때 돈을 주지 못 할 때가 있는데 그럴 때는 컨트렉터가 자신의 돈으로 먼저 워커들에게 급여를 지불하기도 한다. 많은 워커들을 관리하는 컨트렉터는 이럴 경우 워커들에게 돈을 지불하지 못할 수 있으며 급여가 밀리게 되는 경우도 발생하게 된다. 농장주로부터 받은 돈을 워커들에게 지불하지 않고 잠적해 버리거나 현금으로 급여를 주고 세금을 내지 않는 악덕 컨트렉터들이 많기 때문에 소규모의 그룹을 데리고 일하는 컨트렉터와 일 할 때는 주의해야 한다. 한주씩 급여를 잘 주다가 마지막에 급여를 주지 않고 잠적하는 경우도 있고, 워커들에게는 주급을 잘 지급하는 대신 세금을 내지 않아서 워커들과 농장주가 피해를 보는 경우도 있다. 주로 농장 지역으로 유명한 지역에 컨트렉터들이 많고, 이런 문제가 자주 발생한다.

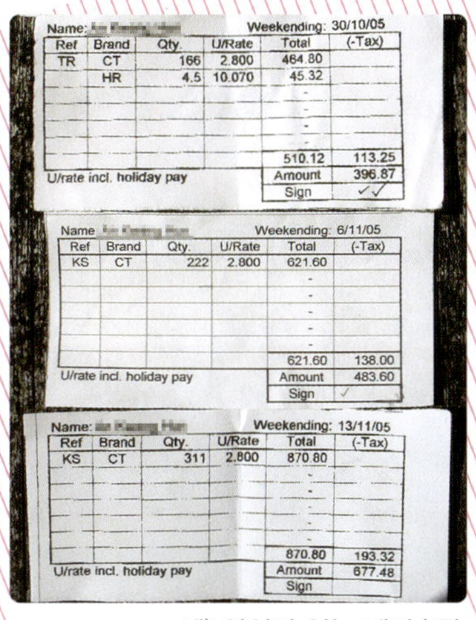

예) 양식이 없는 페이슬립

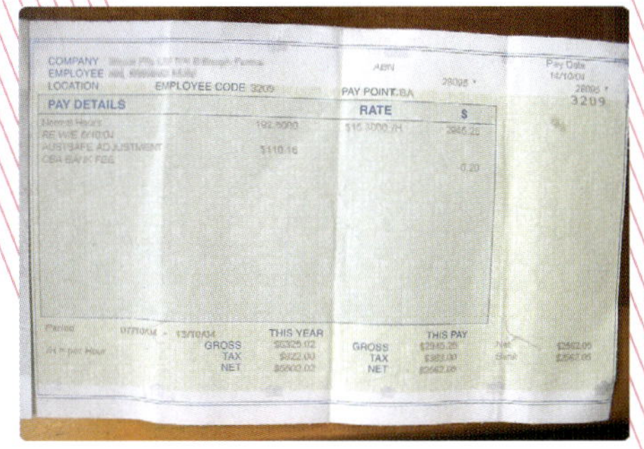

예) 규격화된 양식의 페이슬립

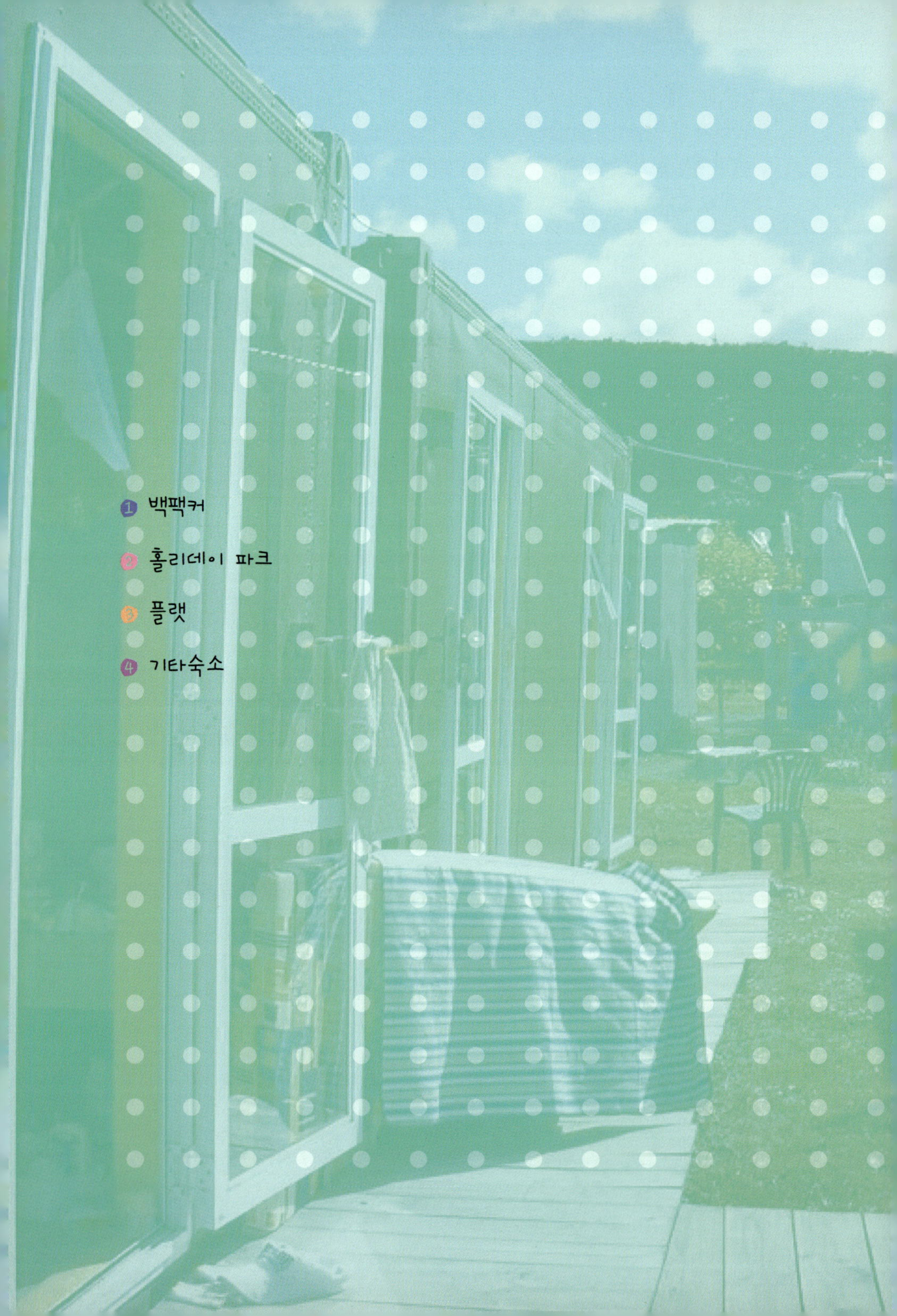
1 백팩커
2 홀리데이 파크
3 플랫
4 기타숙소

6
숙소정보

　농장 생활을 하다보면 여러 종류의 숙소에서 지내는 경우가 많다. 숙소의 종류에는 여러 사람들이 한방에서 생활하는 백팩커^{Backpackers}, 넓은 부지에서 캠핑하듯 지낼 수 있는 홀리데이 파크^{Holiday Park}, 집이나 하우스 형태의 집에서 함께 생활하는 플랫^{Flat}, 농장 안에 있는 숙소에서 생활하는 팜스테이^{Farmstay} 등이 있다. 각각의 숙소에 따라서 장점과 단점이 있고, 자신의 취향에 따라 숙소를 선택해서 지낼 수 있다. 농장에서 일하는 워커들은 주로 백팩커를 이용하고, 차가 있는 워커들은 홀리데이 파크나 플랫을 따로 얻어서 생활하기도 한다.

백팩커란?

배낭 여행자들이 묵는 저렴한 숙소를 호스텔^{Hostel}을 또는 백팩커^{Backpackers}라고 부른다. 백팩커의 방은 싱글룸(1인실)부터 트윈룸(2인 1실), 도미토리(여러 사람이 함께 객실을 이용하는 기숙사 형태의 객실)까지 다양하게 있으며 가격은 $20~$30까지 방의 종류에 따라서 차이가 있다. 농장지역에서는 주단위로 계산을 하는 백팩커가 많고 할인된 금액으로 묵을 수 있다. 방은 남녀가 혼숙하는 방, 남성 전용 방, 여성 전용 방 등이 있다. 백팩커는 저렴한 숙소라는 이미지가 있지만 YHA$^{Youth\ Hostel\ Association}$처럼 시설이 좋으면서 가격이 백팩커보다 조금 더 비싼 호스텔도 있다.

백팩커의 장점

　백팩커는 보증금 없이 단기 투숙이 가능하며, 여러 나라에서 온 여행자들을 만날 수 있다. 뉴질랜드에 막 도착했을 때 복잡한 계약 없이 바로 돈을 지불하고 묵을 수 있으며, 다른 여행자들로부터 여행, 일자리, 생활 정보를 나누면서 서로 친구가 될 수 있다.

백팩커의 단점

　많은 사람들이 한방을 쓰기 때문에 쉽게 방이 지저분해질 수 있고, 귀중품 분실 위험이 크다. 귀중품은 항상 몸에 지니거나 백팩커에 있는 사물함에 보관하도록 하자. 또한 한방을 쓰는 여행자들의 자는 시간이 일정하지 않기 때문에 잠을 자는데 방해가 될 수도 있다.

공동 생활

　백팩커에는 주방, 세면장, 샤워실, 세탁실, 화장실, 휴게실 등을 공동으로 사용하기 때문에 깨끗하게 사용하도록 하자. 클리너가 하루에 한 번씩 백팩커를 청소하기 때문에 항상 깨끗하게 유지되고 있다.

할인 카드

각각의 백팩커에 적용되는 할인카드(BBH, VIP, YHA)에 따라서 박당 $1~$2 까지 할인을 받을 수 있다. 할인카드는 백팩커에서 직접 구입할 수 있고, I-Site에 서도 구입할 수 있다.

백팩커 이용시 주의할 점

백팩커는 미리 예약을 하지 않고 가면 방이 없는 경우가 있다. 특히 농장 지역으 로 유명한 지역의 농장 시즌일 때에는 백팩커에 방이 없는 경우가 많다. 그래서 백 팩커를 찾아갈 때 미리 예약을 하고 가는 것이 좋으며, 신용카드로 보증금을 결재해 야 예약을 해주는 곳도 있다.

농장과 백팩커

농장 시즌에는 많은 워커들이 몰리기 때문에 농장 지역에 백팩커 숙소가 많다. 장 기로 묵는 워커들을 위해서 백패커에서 직접 일자리를 알선해 주기도 하며, 컨트렉 터들이 백패커의 게시판에 일자리를 광고하여 워커들을 고용하기도 한다.

백팩커 정보 사이트
BBH 백팩커 예약 www.bbh.co.nz
VIP 백팩커 예약 www.vip.co.nz
YHA 숙소 예약 www.yha.co.nz
뉴질랜드 백팩커 정보 www.newzealandbackpackers.co.nz
백팩커&농장 일자리 정보
www.backpackerboard.co.nz/work_jobs/job_listings.php

02 홀리데이 파크
Holiday Park

홀리데이 파크는 자연 환경을 그대로 살린 넓은 부지위에 다양한 숙박 시설을 갖춘 캠핑장 개념의 숙소를 말한다. 숙소로 사용할 수 있는 곳은 트레일러 하우스인 캐러반Caravan, 주방 시설이 갖춰진 캐빈Cabin 또는 샬레Chalet, 캠퍼밴 파크, 텐트 사이트 등이 있다. 텐트를 치고 야영을 하거나 모터 홈을 주차시킬 경우 전원이 들어오는 사이트와 전원이 없는 사이트를 선택할 수 있다. 주방, 샤워실, 화장실, 세탁실은 공동 사용이며, 대부분의 홀리데이 파크는 국립공원, 호수, 강, 시내 중심가 등에 가깝게 위치해 있다. 홀리데이 파크에는 숙소에 따라서 어린이 놀이터, 바베큐 시설, 수영장, 냉장고, 전자렌지 등의 시설이 준비되어 있고, 편안하고 여유 있는 시간을 누릴 수 있다.

홀리데이 파크의 캐러반이나 캐빈에는 침구가 준비되어있지 않은 곳이 많기 때문에 자신의 침구를 가져가도록 하자. 캐러반은 자동차 트레일러를 방처럼 개조한 형태의 숙소이며, 캐빈은 기본적인 가구와 침대, 테이블 등을 들여놓은 작은 집 형태의 숙소이다. 홀리데이 파크도 백팩커와 마찬가지로 일일 숙박이 가능하며, 크리스마스나 연휴 기간일 때 일부 숙소에서 최소기간 예약을 받기도 한다. 캐러반이나 캐빈 등의 숙소는 여러 사람이 빌려 같이 사용할 수 있다. 3명이 같이 쓰는 캐러반이나 캐빈의 경우 하루에 $74~$95 까지 다양하다. 여러 사람이 함께 생활한다면 적은 인원으로 백팩커보다 저렴한 가격에 묵을 수 있다. 그리고 홀리데이 파크는 시내에서 떨어진 곳에 위치해 있기 때문에 차가 있어야 찾아갈 수 있다. 농장 지역에는 많은 숙소가 있지만 차가 있고 조용한 곳에서 머물기 원하는 워커들이 주로 홀리데이 파크를 이용한다.

03 플랫 Flat

　　플랫은 아파트 또는 하우스 형태의 집에서 여러 사람들이 함께 생활하는 숙소를 말한다. 여러 사람이 한 집에서 살지만 본인의 선택에 따라 방 하나를 혼자 쓰거나 둘, 혹은 셋이서 한방을 쓸 수 있다. 서로 합의에 따라 준비된 식기와 가구, 주방 등을 공동으로 사용하며, 들어가기 전에 보증금을 지불한다. 2인 1실 방의 경우 $95~$250로 플랫의 위치와 집의 크기에 따라 가격이 다양하다. 집을 함께 쓰는 사람을 플랫 메이트^{Flat mate}라고 한다. 플랫 메이트와 성격이 잘 맞는 것 또한 중요하다. 농장에서 일하는 워커들 중 차가 있는 사람들이 플랫을 이용하며. 백팩커에서 생활하다가 마음이 맞는 워커들끼리 플랫을 구해서 농장일을 한다. 플랫 정보는 백팩커나 슈퍼마켓의 Notice Board, 인터넷, 지역 신문, 교민 웹사이트 등에서 구할 수 있다. 플랫을 구하기 전에 집을 둘러볼 수 있는데 몇 가지 체크를 해보고 계약하도록 하자.

❶ 플랫 가격(Price) 확인　❷ 전기/물/인터넷 요금이 포함인지 확인
❸ 본드비(보증금) 확인　❹ 플랫 메이트의 성별 확인
❺ 거주하는 총 인원(Flat Mate) 확인
❻ 이사하기 몇 주 전에 통보(Notice)해야 되는지 확인
❼ 방의 물건에 이상이 없는지 확인

　　농장일을 하면서 플랫에서 생활하려면 먼저 일자리를 구하고 농장 근처의 플랫을 찾는 것이 좋다. 플랫은 단기간으로 계약하기 힘들기 때문에 오래 머물 예정일 때 구하도록 하자. 플랫 주인은 보통 2주치의 본드비를 요구하고, 나올 때 이상이 없으면 본드비를 그대로 돌려받을 수 있다. 간혹 플랫으로 들어갈 때 고장나있던 물건이나 가구를 체크하지 않아서 나중에 피해를 보는 경우도 있으니 계약하기 전에 잘 살펴보고 이상이 있으면 플랫 주인에게 알려주거나 사진으로 찍어두어 증거로 남겨두도록 하자.

플랫 정보 사이트
www.trademe.co.nz
www.koreaherald.co.nz
www.sundaytimes.co.nz

팜스데이 (On-site accommodation or Farmstay)

　농장에서 가장 저렴한 숙소는 농장 안에 있는 고용주가 제공하는 숙소이다. 시내에서 떨어져 외진 곳에 있는 농장은 워커들을 구인하기 쉽지 않고, 워커들도 거리가 멀기 때문에 차가 없으면 갈 수 없다. 이런 경우에 농장주가 농장 안에 숙소를 만들어 워커들이 무료 또는 저렴한 비용을 내고 숙소에서 지내면서 일할 수 있도록 만든 숙소가 있다. 대부분 캐러반^{Caravan}이나 로지^{Lodge} 또는 컨테이너^{Container} 형태의 숙소로 되어있다.

　이렇게 농장안의 숙소에서 생활하는 워커들은 숙소비와 교통비가 들지 않기 때문에 그만큼 돈을 모으기 쉽다. 보통 시즌 끝까지 일하는 워커들에게는 무료로 숙소를 제공하는 농장도 있다. 또한 농장 안에서 살기 때문에 출근 시간을 걱정할 필요가 없고, 여유롭게 생활할 수 있다. 그러나 시내와 멀기 때문에 마트를 가려면 차가 있는 워커나 농장주의 도움을 받아서 식료품을 사야 하는 불편함이 있고, 시내의 숙소보다 시설이 좋지 않은 것이 단점이다. 숙소 비용을 절약하고 싶은 워커들은 농장 안에 있는 숙소를 이용하는 것도 좋은 방법이다.

저렴한 모텔 (Budget Motel)

　농장 지역의 모텔에서는 보통 방 2개, 주방, 욕실이 있는 방을 저렴한 가격으로 이용할 수 있다. 최대 4~5명까지 사용할 수 있고, 복잡한 계약이 필요 없다. 무엇보다 시설이 좋고, 여러명이 사용할 경우 백팩커에서 내는 비용과 비슷하기 때문에 마음에 맞는 사람들끼리 모텔에 지내면서 일하는 워커들도 있다.

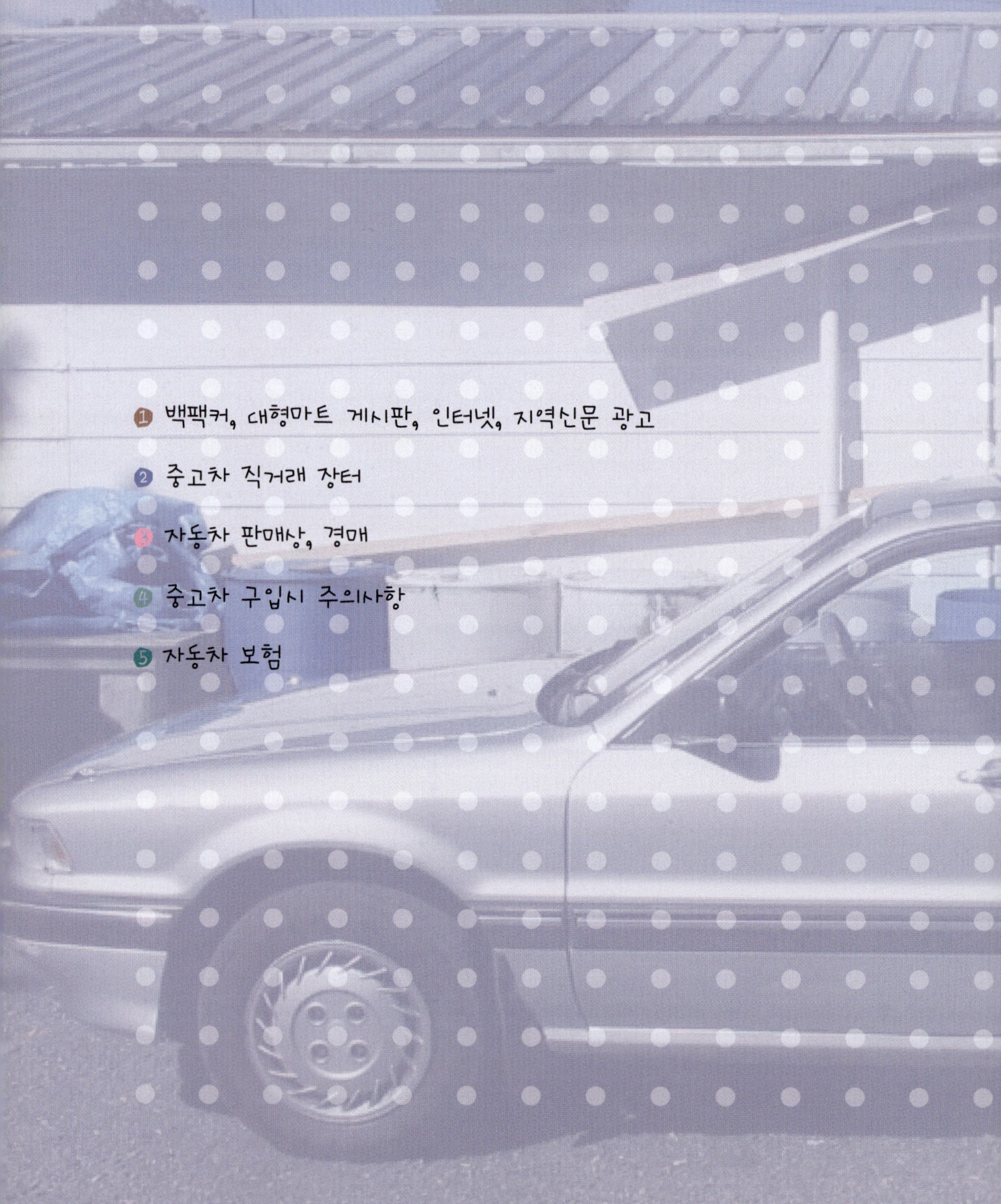

❶ 백팩커, 대형마트 게시판, 인터넷, 지역신문 광고
❷ 중고차 직거래 장터
❸ 자동차 판매상, 경매
❹ 중고차 구입시 주의사항
❺ 자동차 보험

7
자동차
구입하기

　뉴질랜드를 제대로 볼 수 있는 방법은 자동차로 여행하는 것이다. 버스를 이용하면 주로 유명 관광지에만 멈추기 때문에 놓치게 되는 아름다운 볼거리들이 수없이 많다. 자동차 여행은 시간에 구애받지 않고 여유롭게 뉴질랜드 곳곳을 여행할 수 있어 많은 여행자들이 선호한다. 농장에서 일하는 워킹홀리데이 메이커들 중에도 자동차를 소유하고 있는 사람들이 많다. 농장은 시내에서 많이 떨어져 있기 때문에 자동차가 있는 것이 여러모로 유리하다. 뉴질랜드는 중고차 가격이 비교적 저렴해서 여행자들도 부담 없이 자동차를 구입하여 여행할 수 있다. 자동차 구입 후 등록하는 방법 또한 매우 간단하다. 그렇다면 언제쯤 자동차를 사는 것이 좋을까? 어느 시즌에 뉴질랜드에 도착하느냐에 따라서 자동차 구입이 쉽거나 어려울 수 있다. 여행 시즌인 9월~2월 사이에 뉴질랜드에 도착한다면 많은 여행자들이 중고차를 구입하기 때문에 구매 보다는 판매가 더 쉽다. 반대로 여행 시즌이 끝나가는 5월부터 많은 여행자들이 자동차를 팔기 때문에 더 많은 물량의 중고차를 볼 수 있다. 하지만 큰 도시에서는 주말마다 중고 자동차 시장이 열리고, 자동차 딜러, 개인 거래, 인터넷이나 백팩커 게시판 등에서도 중고차 매매가 활발하기 때문에 시즌에 상관없이 중고차 구입이 쉬운 편이다.

지역에 상관없이 가장 쉽게 중고차 정보를 구할 수 있는 방법은 백팩커나 대형 마켓의 게시판 그리고 지역 신문 광고를 이용하는 것이다. 게시판은 보통 백팩커의 라운지, 대형 마켓 입구에 있다. 대형 마트의 게시판에는 중고 자동차뿐만 아니라 일자리, 플랫, 중고 물품 등의 각종 정보들로 가득하다. 게시판에 있는 중고 자동차 광고는 아래와 같이 판매자가 직접 작성해서 게시하는 경우가 많다. 여행자들은 떠날 때 중고차 판매 광고를 게시하기 때문에 가격 또한 저렴한 편이다. 하지만 개인과 개인의 거래이고 판매자의 신용이나 차량에 대한 정확한 정보가 없기 때문에 주의해야 한다. 게시판에 있는 중고차 중에 마음에 드는 차량의 연락처를 적어두고, 전화를 해서 만날 장소를 정한다. 가능하면 차량을 잘 아는 사람과 함께 가서 차량을 점검해보고, 가격을 흥정하여 구매하도록 하자. 백팩커나 대형 마트의 게시판에는 여행자들이 파는 중고차 광고가 많이 있고, 지역 신문에는 현지인들이 파는 중고차 광고가 많은 편이다.

중고차 매매 사이트(인터넷, 잡지, 지역 신문)
Trade me : www.trademe.co.nz
Trade & Exchange : www.te.co.nz
Free Car Find : www.carz.co.nz
Carfair : www.carfair.co.nz
AA Carfair : www.aacarfair.co.nz
Auto Trader : www.autotrader.co.nz
The Red Book : www.redbook.co.nz

　　뉴질랜드의 큰 도시에는 주말마다 중고차 직거래 장터가^{Car Fair} 열리는 곳이 많다. 특히 오클랜드, 웰링턴, 크라이스트 처치에서는 여행자들이 뉴질랜드에 도착하고 떠나는 곳이기 때문에 중고차 직거래 장터의 규모가 제법 크다. 직접 중고차를 가지고 나와 직거래 장터에서 개인 대 개인으로 팔기 때문에 품질이 보증되어 있지 않아서 차량의 결함에 따라 가격을 흥정할 수 있다. 중고차 직거래 마켓이 언제, 어디에서 열리는지 각 지역의 I-site에서 문의하면 쉽게 정보를 얻을 수 있다. 아침 일찍 직거래 장터가 열리고 좋은 차는 빨리 판매되기 때문에 일찍 가서 둘러보는 것이 좋다. 중고차 직거래 장터는 보통 시내에서 조금 떨어진 넓은 주차장 부지가 있는 곳에서 대규모로 열린다. 중고차 판매자는 차량 전시 비용을 지불해야 하고, 구매자는 무료로 입장할 수 있다. 직거래 장터의 장점은 여러 가지 차량을 직접 눈으로 보고 비교하면서 고를 수 있고, 비교적 저렴하다는 것이다. 반면에 판매자의 신용과 자동차의 이력을 알 수 없기 때문에 주의해야 한다. 직거래 장터에서는 수수료를 받고 그 자리에서 소유주 명의 이전을 할 수 있으며, 정비사들에게 차량 점검을 받을 수 있다. 또한 차량에 대한 벌금, 채권채무, 정비 이력, 소유자 변경, 엔진 교체 등등 차량의 정보에 대한 이력 또한 확인해 볼 수 있는데 이것을 VIR^{Vehicle Information Report} 테스트라고 한다. VIR 테스트는 우체국, 온라인(www.vir.co.nz), 전화(0800 843 847)로도 확인할 수 있으며, 비용은 $25이다. 중고차를 사기 전에 반드시 판매자와 차량에 대한 정보를 확인하고 구입하도록 하자.

중고차 직거래 마켓(각 지역의 I-Site에서 문의)
오클랜드 지역의 중고 자동차 직거래 마켓

Sunday Car Fair(www.carfair.co.nz)

시 간 : 매주 일요일 09:00am ~ 12:00noon

전 화 : (09) 529 2233

이메일 : info@carfair.co.nz

주 소 : Greenlane, Ellerslie Racecourse, Auckland Car Fair

Saturday Car Fair

전 화 : (09) 636 9775

주 소 : Beach Road, Auckland

Manukau Car Fair

전 화 : (09) 358 5000

주 소 : Manukau City Shopping Centre, Auckland

백팩커's 자동차 마켓 (www.backpackerscarmarket.co.nz)

  오클랜드와 크라이스트 처치 시내의 건물 안에 있는 중고차 직거래 마켓이다. 건물 안의 주차장과 같은 곳에 중고차를 전시하기 때문에 다른 직거래 마켓 보다는 차량이 적고 가격이 비싸지만 매일 중고차가 전시되어 있다. 중고차 판매자는 기간에 따라 전시 비용을 지불해야 하며, 전시해두고 다른 일을 볼 수 있고 구매자가 나타나면 연락이 온다. 구입하는 차량에 대해서는 자동차 이력 확인, 명의 이전, 차량 점검, 자동차 보험, 페리 티켓 판매 등의 유료 서비스도 제공한다.

오클랜드	시 간 : 매일 09:30am ~ 17:00pm 연락처 : 09 377 7761 이메일 : backpackers_carmarket@xtra.co.nz 주 소 : 20 East Street, Central Auckland
크라이스트처치	시 간 : 매일 09:30am ~ 17:00pm 연락처 : 03 377 3177 이메일 : backpackers_carmarketsouth@xtra.co.nz 주 소 : 33 Battersea St, Christchurch

03 자동차 판매상 Dealers
경매 Car Auctions

자동차 판매상(딜러)

   자동차 딜러에게 구입하는 중고차는 직거래 장터나 옥션에서 사는 것보다 비싸지만 차량 점검이 되어있고, 차량에 따라 1년~2년까지 자동차 고장에 대한 보증 Warranty을 해준다. 자동차 딜러는 국가에서 관리하기 때문에 차를 믿고 구입할 수 있는 것이 장점이다. 각 지역마다 중고차 및 새 차를 판매하는 대리점들이 많이 있고, 대리점마다 차량의 가격이 다르기 때문에 여러 곳을 비교해보고 구입하도록 하자. 차량에 대한 보증이 구입 가격에 포함되어 있는지 그리고 고장시 본인의 수리비 부담이 얼마인지도 확인해야 한다. 대리점에서 구입하는 차량은 깨끗하게 청소가 되어있고, 구입하기 전에 시운전도 가능하다.

자동차 경매(옥션)

   자동차 경매는 열리는 시간과 요일이 정해져 있으며 일반인도 참가할 수 있다. 구입 방법은 직거래 장터와 비슷하고 저렴한 차량부터 비싼 차량까지 다양하다. 차량을 구입하기 전에 경매 날짜와 시간 그리고 판매 가격대를 미리 확인하고 가야한다. 경매장에 가면 먼저 입찰자로 등록을 하고 입찰 번호를 받는다. 입찰 신청서를 작성하기 위해서는 운전 면허증이 필요하기 때문에 준비해서 가도록 하자. 여러 가지 경매 규칙을 숙지한 뒤에 경매 차량이 나와 있는 목록을 살펴보고 마음에 드는 가격의 차량이 있으면 짧게 시운전을 해볼 수 있고, 미리 예약을 한다면 차량 점검도 받아볼 수 있다. 경매가 시작되면 차량들이 나오고 입찰자들이 가격을 부르기 시작한다. 판매자가 원하는 가격이 나오면 낙찰되어 경매가 끝나고, 낙찰 가격이 나오지 않으면 최고가를 부른 입찰자와 판매자가 합의를 보고 차량을 매매하기도 한다. 경매를 통한 중고차 구입 역시 차를 잘 아는 전문가의 도움을 받는 것이 안전하다.

각 지역별 자동차 경매 사이트
전 지역 **Turners Auctions** : www.turners.co.nz
오클랜드(Auckland) **Ezy Buy Car Auctions** : www.ezybuy.co.nz
해밀턴(Hamilton) **Auto Auctioneers** : www.autoauctioneers.co.nz
베이 오브 플렌티(Bay of Plenty) **Auto Auctions** : www.safewayauto.co.nz
웰링턴(Wellington) **Auto Auctions** : www.auto-auctions.co.nz

　개인대 개인의 거래를 통해서 중고차를 구입할 때는 먼저 차량의 앞 유리에 부착되어 있는 REG^{Registration}와 WOF^{Warrant Of Fitness} 날짜를 확인하자. REG는 자동차 등록세를 말하며 3개월, 6개월, 12개월 단위로 지불할 수 있다. WOF는 모든 자동차가 받아야하는 차량 안전 검사를 말한다. 출고 된지 5년이 지난 중고차는 6개월에 한번씩 WOF 검사를 받아야 하고, 출고 5년 이내의 차량은 1년에 한번 검사를 받으면 된다. 중고차를 구입하기 전에 WOF 날짜를 확인하여 가장 최근에 차량 안전 점검을 받은 차를 구입하도록 하자. 날짜가 얼마 남지 않은 차를 사게 되면 다시 차량 안전 검사를 받아야 하고, 이때 차량의 수리비가 많이 나오는 경우도 있다. REG는 차량의 이상 유무와 관련이 없지만 날짜가 얼마 남지 않았다면 차량 구입 후 우체국에서 등록세 서류(MR1B)를 작성하고, 등록세를 납부하면 기간이 연장된 카드를 받을 수 있다. WOF는 WOF 검사가 가능한 자동차 정비소에서 검사를 받고 이상이 없으면 WOF 스티커를 받을 수 있다. 차량에 이상이 발견되면 문제가 된 부분을 수리해야 WOF 스티커를 받을 수 있다. REG와 WOF의 유효 기간이 경과된 차량을 운전하다 경찰에게 적발되면 벌금을 내기 때문에 미리 갱신하도록 하자. 개인 대 개인의 중고차 거래를 할 경우 여러 가지 주의할 점이 있다. 판매자의 신용과 차량에 대한 정보가 없기 때문에 신중하게 거래를 해야 하며, 가능하면 차를 잘 아는 사람과 동행하여 차량의 중요한 부분을 점검한 뒤에 구입하는 것이 안전하다. 도난된 차량을 모르고 구입하여 명의 이전을 했을 경우 벌금과 함께 차량을 반납해야 하는 경우도 생긴다. 특히 중고차를 구입할 때 차주의 정보를 알려주지 않고, 휴대전화 번호만 알려준다면 조심해야 한다.

REG 스티커
(자동차 등록세_ 2006년 2월 26일까지 유효함)

WOF 스티커
(차량 안전 검사_ 2007년 8월까지 유효함)

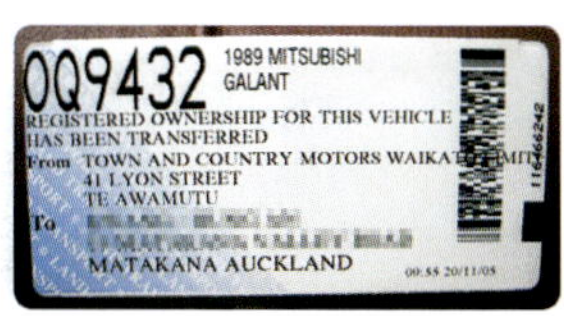

자동차 소유증

판매자와 함께 차에 이상이 없다는 것을 확인하고 중고차를 구입했다면 일주일 안에 자동차 소유주 이전 등록을 해야 한다. 전 차주의 등록증^{Motor Vehicle Licence}에 서명을 받고, 소유권 이전 신청서(MR13 or MR 13B Form)를 작성하여 우체국이나 LTNZ^{Land Transport New Zealand} 관련 기관에 제출하면 된다. 새로운 자동차 등록증은 신청서에 기재한 주소로 약 일주일 뒤에 발송된다.

일반 가솔린 자동차 등록세(2009년 7월 기준) 가격_REG
3개월 _ $67.67 / 6개월 _ $127.71 / 12개월 _ $247.86

자동차 등록세 납부, 명의 변경 등을 할 수 있는 곳
Post Shops & Books & More outlets
AA (The Automobile Association)
VINZ (Vehicle Inspection New Zealand)
VINZ (Vehicle Testing New Zealand)

자동차 관련 문의(소유주 이전, 자동차 등록, 도난 등등)
전화 : 0800 108 809
이메일 : info@nzta.govt.nz
우편 : NZ Transport Agency, Transport Registry Centre, Private bag 11777,
       Palmerston North 4442

자동차 등록세 납부, 소유주 변경, 주소 변경 인터넷으로 하기
transact.landtransport.govt.nz

자동차 등록 번호로 자동차의 REG, WOF, 주행거리 등 차량에 관한 정보 확인하기
www.carjam.co.nz

개인 거래로 중고차 구입시 주의할 점

가능하면 차량에 대해서 잘 아는 사람과 동행한다.
예산을 잡고 그 가격대에 맞는 차종의 시세를 파악한다.
차량의 REG와 WOF의 날짜를 확인한다.
차량을 살펴보고 결함이 발견되면 가격 흥정을 한다.
엔진이나 기어에 이상이 없는지 반드시 시운전을 해본다.
차량을 구입하기 전에 차주의 신분과 연락처를 반드시 확인한다.
차량에 관련 서류(정비 이력, 채무관계, 소유자 변경 등)를 꼼꼼히 확인한다. 유료 서비스인 VIR(Vehicle Information Report)로 자동차의 자세한 이력을 확인할 수 있다. 또한 차에 대해서 잘 모른다면 출장 정비사나 정비소에서 차량 점검을 받아보고 구입한다.
소유주 이전 등록이 완료되면 잔금을 지불한다.

　뉴질랜드 자동차 보험은 대물과 자차 보험만 있고, 대인 보험이 없기 때문에 한국 보다는 저렴하다. 자동차 사고시 사람은 모두 ACC에서 무료로 치료해준다. 뉴질랜드 운전 면허증이 아닌 국제 운전 면허증으로 보험을 가입할 경우 보험료가 비싸며 25세 미만의 운전자일 경우에는 보험료가 더 증가된다. 또한 여행자가 국제 운전면허증으로 자동차 보험을 들 경우 운전 경력을 증명할 자료가 없으면 보험 가입이 쉽지 않으며, 보험을 가입할 수 있더라도 가격이 비싸다. 한국에서 운전한 경력이 있다면 무사고 운전 영문 증명서를 준비해서 가도록 하자. 여행자들은 보통 중고차를 사기 때문에 종합 자동차 보험^{Full Cover Insurance} 보다는 저렴한 삼자 보험^{Third Party Insurance}을 많이 가입한다. 종합 자동차 보험은 사고뿐만 아니라 여러 가지를 보상해주지만, 삼자 보험은 사고를 냈을 때 다른 차에 대한 보상은 해주지만 내 차에 대한 보상은 해주는 않는 보험이다. 단기간 운전할 저렴한 차를 구입하는 사람들이 주로 가입하는 보험이 삼자 보험이다. 그밖에 중고차처럼 고장이 잦은 자동차를 수리할 때 수리비를 보상해주는 자동차 수리 보험^{Mechanical Breakdown Insurance}, 차량 도난과 화재시 보상해 주는 보험^{Fire and Theft Insurance}등이 있다. 보험 회사마다 다양한 종류의 자동차 보험 상품이 있고, 보험료는 나이, 사고 유무, 운전 경력 등에 따라 다르며 사고시 본인이 부담해야하는 금액^{Excess Fee}도 있기 때문에 충분한 상담을 통해서 보험을 가입하도록 하자. 뉴질랜드에서 자동차 보험은 필수가 아니지만 보험금이 비싸기 때문에 보험을 들지 않고 운전을 하는 여행자들이 많아서 사고가 나도 제대로 보상을 받지 못하는 경우가 많다. 언제 어디서 사고가 날지 모르기 때문에 항상 안전 운전을 하고, 여유가 된다면 자동차 보험은 반드시 가입하도록 하자.

자동차 보험 문의

뉴질랜드 주거래 은행 / 한국 교민 보험회사(교민 잡지, 교민 웹사이트 참고)

뉴질랜드 현지 보험 회사

AMI (www.ami.co.nz) ☎ 0800 100 200 // AMP (www.amp.co.nz) ☎ 0800 808 267
NZI (www.nzi.co.nz) ☎ 0800 694 222 // AA (www.aainsurance.co.nz) ☎ 0800 500 231
BBH (www.bbh.co.nz) ☎ 03 379 3014

자동차 수리

자동차 수리는 정비소에 따라서 가격차가 크다. 고장이 심각하다면 여러 곳에서 무료 견적을 받고, 가격 비교를 통해서 제일 저렴한 곳에서 고치도록 하자.

8

여행정보

VIP 카드
www.vipbackpackers.com

www.vip.co.nz

VIP 카드는 유럽, 호주, 뉴질랜드의 여행자들이 묵는 저렴한 숙소에서 사용 가능한 숙박 할인 카드이다. 뉴질랜드에는 약 70곳 이상의 호스텔이 VIP에 가입되어 있다. VIP 백팩커 회원 카드가 있으면 VIP에 가입된 호스텔에서 박당 $1이 할인된 가격으로 묵을 수 있다. 뉴질랜드뿐만 아니라 호주에서도 사용할 수 있는 카드이며 뉴질랜드 보다 호주에서 많이 사용되는 카드이다. VIP 카드로 버스, 기차, 투어, 액티비티 등의 할인도 받을 수 있고, 숙소 할인은 VIP에 가입된 숙소에서만 가능하다. VIP 카드 가격은 뉴질랜드 달러로 $45이고, 카드는 VIP에 가입된 호스텔 또는 뉴질랜드 I-site, VIP 백팩커 홈페이지(www.vipbackpackers.com) 등에서 발급 가능하다. 카드를 발급 받고 VIP 홈페이지에서 등록을 하면 이용할 수 있고, 등록 한 날부터 1년 동안 사용할 수 있다.

BBH 카드
www.bbh.co.nz

VIP 카드가 호주의 여행자 숙소를 대표하는 할인 카드라고 한다면 뉴질랜드에서는 BBH 카드가 그 역할을 하고 있다. 뉴질랜드의 약 350곳의 여행자 숙소가 BBH에 가입되어 있으며, BBH 회원은 $1~$2까지 숙소 할인을 받을 수 있다. 숙소 할인은 BBH에 등록된 숙소에서만 가능하며, VIP 카드와 마찬가지로 버스, 기차, 투어, 액티비티 또한 할인 받을 수 있다. BBH 카드의 가격은 뉴질랜드 달러로 $45 이며, $20 상당의 무료 통화가 포함되어 있다. BBH 카드는 BBH에 가입된 숙소, I-site, 인터넷으로 발급 가능하며, 발급 받은 날부터 1년 동안 사용이 가능하다.

　　YHA는 'Youth Hostels Association'의 약자로 전 세계 84개국 6천여 개의 YHA호스텔에서 $1~$3 까지 할인받은 가격으로 사용할 수 있는 카드이다. YHA 숙소의 요금은 VIP나 BBH 숙소보다 $2~$3 정도 더 비싸지만 깨끗하고, 시설이 잘 되어있기 때문에 만족도가 높다. 뉴질랜드의 YHA 숙소는 각 도시마다 1곳~2곳씩 있다. YHA 회원 카드의 가격은 뉴질랜드 달러로 $40 이며, 각종 여행지에서 입장료 할인은 물론 버스, 기차, 투어, 액티비티 등을 이용할 때도 할인을 받을 수 있다. YHA 회원 카드는 YHA 숙소, I-site, 인터넷에서 발급 받을 수 있다.

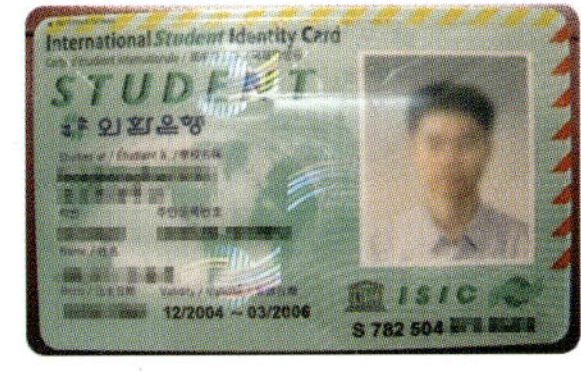

국제 학생증
www.isic.co.kr

　　국제 학생증(ISIC)은 유네스코 인증 세계 유일의 International Student Iden-tity Card로서 해마다 전 세계 120여개 나라의 450여만 명의 학생들이 발급받는 카드이다. 국제학생증은 국내 금용카드, 국제 현금카드, 전화카드, 교통 카드 등 다양한 기능을 갖춘 카드로 발전하였고, 정부 기관이 인정하는 교육기관(중, 고 대학/대학원 등)에 재학 중인 만 12세 이상의 학생만이 신청할 수 있다. 뉴질랜드에서 국제 학생증으로 숙박에 대한 할인은 되지 않지만 버스나 기차 예약, 박물관 및 동물원, 극장 등의 관람 시설을 이용할 때 학생 할인을 받을 수 있다. 국제 학생증은 인터넷(www.isic.co.kr), 학생 여행사인 키세스(www.kises.co.kr) 또는 전국 122개의 대학교에서 발급받을 수 있으며, 발급 비용은 14,000원이다. 한국의 경우 국제 학생증의 유효 기간은 매년 12월에 시작하여 1년 4개월 뒤인 다음 다음해 3월말까지(2009년 12월~2010년 3월)로 규정되어 있다.

버스 이용하기

뉴질랜드에서 장거리 버스는 저렴한 교통수단으로 여러 가지 패키지 투어가 가능하기 때문에 많은 여행자들이 이용하고 있다. 뉴질랜드의 대표적인 3대 버스 노선으로는 인터시티Intercity, 마운트 쿡 랜드라인Mt. Cook Landline 그리고 뉴먼즈 코치라인 Newmans Coachline이 있다. 3대 주요 버스회사 이외에도 지방별로 버스회사들이 관광객들을 대상으로 셔틀 버스를 운행한다. 정규 버스보다 요금이 저렴하고 여러 가지 특전도 제공하기 때문에 버스 여행만으로도 뉴질랜드 곳곳을 여행할 수 있다. 버스 티켓 예약은 I-site, 버스 터미널, 여행자 숙소, 인터넷으로 가능하며, 뉴질랜드 전역으로 각 회사마다 다양한 노선을 운행한다.

뉴질랜드 장거리 버스 회사

인터시티Intercity & 뉴먼즈 코치라인 Mt. Cook Landline : 인터시티는 뉴질랜드에서 가장 많은 노선망을 가지고 있으며, 30년 이상 여행자들의 발이 되어준 버스 회사이다. 근래에 뉴먼즈 코치 라인을 인수해 하나의 시스템으로 노선을 운행하고 있다. 또한 배낭 여행객을 위해서 Flexi Pass, Travel Pass 같이 정규 요금보다 할인된 금액으로 일정 기간 자유롭게 교통수단을 이용할 수 있는 버스 패스도 구입할 수 있다. 버스뿐만 아니라 기차, 페리, 항공 등의 노선을 묶어서 저렴하게 이용할 수 있는 패스까지 다양한 옵션의 패스가 있다. 자신의 여행 계획에 맞추어 이런 버스 패스를 구입하여 여행하는 배낭 여행객들이 많다. 버스 시간표는 각 버스 회사 또는 I-site 에서 구할 수 있으며, 예약하기 전에 국제 학생증이나 백팩커 할인 카드를 보여주

예약 및 노선 정보	인터시티 : www.intercitycoach.co.nz 뉴먼스 코치 : www.newmanscoach.co.nz
인터시티 & 뉴먼스 버스 티켓 구입처	SKY CITY TRAVEL CENTRE 영업시간 : 07:00 AM ~ 07:50 PM (매일) 주　소 : 102 Hobson Street, Auckland, CBD 기　타 : 각 지역별 I-site, 버스 터미널, 인터넷 등
각 지역별 콜센터	Auckland Contact Centre : (09) 583 5780 Wellington : (04) 385 0520 Christchurch : (03) 365 1113 Dunedin : (03) 471 7143
각종 패스 정보	Flexi Pass : www.flexipass.co.nz Travel Pass : www.travelpass.co.nz

매직 버스(Magic Bus)와 키위 익스피어리언스(Kiwi Experience)

　매직 버스와 키위 익스피어리언스는 정규 버스가 아닌 소형 버스 회사로 배낭 여행객들을 위해 다양한 서비스를 제공한다. 각 회사별로 다양한 루트를 형성하고 있고, 정규 노선에 비해 요금이 저렴하다. 여러 지역을 묶어서 패키지 버스 투어 형태로 운영하고 있으며, 정규 노선이 가지 않는 관광지에 정차하거나 투어 액티비티 할인 그리고 백팩커와 제휴하여 숙소 연결까지 해주는 등 여러 가지 서비스를 제공한다. 패스를 이용하기 위해서는 각 회사의 구간별 패스를 구입해야 하며 유효 기간까지 그 구간을 자유롭게 이동할 수 있다. 같은 구간의 패스를 구입한 사람들이 함께 이동하기 때문에 서로 모르는 사람들과 친하게 어울려 여행을 할 수 있다. 이밖에 넬슨과 퀸스타운 사이의 남섬 서해안을 도는 웨스트 코스트 익스프레스[West Cost Express] 등이 있다.

	매직 버스	키위 익스피어리언스
홈페이지	www.magicbus.co.nz	www.kiwiexperience.com
패스 구입 및 노선 정보	관광 안내소(I-site), 백팩커 호스텔 인터넷, 매직 버스 사무실	관광 안내소(I-site), 백팩커 호스텔, 인터넷, 키위 익스피어리언스 사무실
전화 예약	7am ~ 5pm (09) 358 5600	7am ~ 6pm (09) 369 9410
사무실 주소	120 Albert Street Auckland, New Zealand	195 Parnell Road Auckland, New Zealand

	Christchurch	Dunedin	Franz Josef	Greymouth	Haast	Invercargill	Milford Sound
	321	682	520	331	721	876	1058
		361	508	255	527	555	740
Gisborne	504		544	616	424	195	387
Hamilton	127	394		189	181	607	637
Kaitaia	325	829	452		308	745	835
Napier	423	216	296	748		376	494
NewPlymouth	369	599	242	684	412		280
Palmerston Nth	528	394	401	853	178	234	
Rotorua	234	287	107	561	225	312	331
Taupo	280	350	153	605	143	296	249
Tauranga	206	298	107	531	311	398	417
Thames	115	413	107	440	347	349	454
Wairoa	458	98	329	781	118	529	296
Whanganui	454	468	327	779	252	160	74
Wellington	660	550	533	983	334	355	145
Whangarei	170	675	297	155	593	539	698
North Island (Km)	Auckland	Gisborne	Hamilton	Kaitaia	Napier	NewPlymouth	Palmerston Nth

Mt Cook	Nelson	Picton	Queenstown	Te Anau	Wanaka	Westport	South Island (Km)
643	117	29	800	971	790	363	Blenheim
322	438	350	479	650	363	360	Christchurch
329	799	711	299	286	276	658	Dunedin
670	485	574	348	508	277	294	Franz Josef
525	296	360	567	714	456	105	Greymouth
360	604	717	187	359	148	413	Haast
445	996	905	189	159	242	849	Invercargill
578	1107	1121	299	121	352	921	Milford Sound
	737	672	271	449	212	630	Mt Cook
82		113	917	986	649	211	Nelson
86	167		829	1000	762	324	Picton
158	205	115		186	71	600	Queenstown
222	252	308	380		231	863	Te Anau
305	222	391	434	370		561	Wanaka
452	380	548	584	452	195		Westport
404	450	376	285	626	624	819	

Rotorua	Taupo	Tauranga	Thames	Wairoa	Whanganui	Wellington

페리 이용하기

　페리는 92km의 쿡 해협을 가로지르며 북섬과 남섬을 이동하는 가장 매력적인 교통수단이다. 북섬의 웰링턴과 남섬의 픽턴 사이의 여정은 뉴질랜드에서 가장 유명한 페리 여행이다. 이 페리는 사람은 물론 차량도 수송하며, 말보로 사운드의 아름다운 경관은 보는 이에게 감동을 선사한다. 페리로 이동 중에 돌고래와 물개도 흔히 볼 수 있으며, 갑판에서 시원한 바람을 맞으며 여행을 즐길 수 있다. 페리 안에서는 레스토랑, 휴게실, 영화관 등의 편의 시설을 이용할 수 있다. 뉴질랜드 페리 회사는 인터 아일랜더Inter Islander와 블루 브리지Blue Bridge 두 개의 회사가 있다.

인터 아일랜더 (Inter Islander)

　인터시티Intercity가 경영하는 인터 아일랜더 페리 회사는 약 1,000여명의 승객과 100여대의 자동차를 실을 수 있는 페리이다. 총 3척의 여객선Arahura, Aratere, Kaitaki를 운행하고 있기 때문에 시간대가 다양하고, 운행 시간은 약 3시간~3시간 30분 정도 소요된다. 하루에 3회~5회에 걸쳐 운행하지만 반드시 예약을 하고 탑승해야 한다. 페리 예약은 I-site, 전화, 여행자 숙소, 여행사, 인터넷, 철도역 등에서 가능하고, 출발 시간 30분 전에 페리 터미널에 도착해서 탑승 수속을 한다. 운행 시간에 따라 요금이 다르며, 1인당 32kg이 넘지 않는 짐 2개를 실을 수 있다.

Wellington to Picton		Picton to Wellington	
Depart Wellington	Arrive Piction	Depart Picton	Arrive Wellington
2:25 AM	5:35 AM	6:25 AM	9:35 AM
8:25 AM	11:35 AM	10:05 AM	1:15 PM
10:25 AM*	1:35 PM*	1:10 PM	4:20 PM
2:05 PM	5:15 PM	2:25 PM*	5:35 PM*
6:25 PM	9:25 PM	6:05pm	9:15 PM
		10:25 PM	1:34 AM

* 표시의 페리는 성수기에만 운영(11월 8일 ~ 4월 30일),
전체 시간표는 상황에 따라 변동될 수 있음.

인터 아일랜더 페리 요금표   (2009년 12월 기준)

Depart Wellington ↔ Arrive Piction	Saver Change	Easy Change	Kaitaki Plus
성인 1인 편도	$63	$73	$100
성인 1인 편도 + 1.8m 이하의 승용차	$202	$242	$239

Saver Change _ 취소시 50% 취소료가 들고,
체크인 시간 이후에는 취소 및 환불이 불가능한 요금
Easy Change _ 체크인 시간 전까지 수수료 없이 취소 및 환불이 가능한 요금
Kaitaki Plus _ Easy Change와 동일

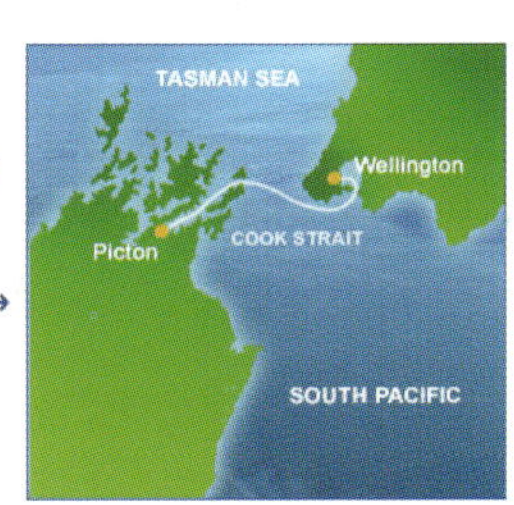

인터 아일랜더 페리 터미널 주소

웰링턴 (Wellington) : Aotea Quay, 5 minutes north of Wellington Railway Station
픽턴 (Picton) : Auckland Street in central Picton
　웰링턴 기차역에서 페리 터미널까지 월요일 마지막 행을 제외한 모든 페리의 출발 시간 35분 전에 무료 셔틀 버스가 운행되고, 픽턴에서는 코스탈 퍼시픽(Coastal Pacific) 노선에 맞추어 페리 터미널과 역 사이에 셔틀이 운행된다.

인터 아일랜더 페리 예약 및 문의

전화 예약_ 0800 802 802
인터넷 예약_ www.interislander.co.nz, www.ferrytickets.co.nz
이메일 문의 _ info@interislander.co.nz

블루 브리지 (Bluebridge)

    2003년부터 운항을 시작한 블루 브리지 페리는 인터
아일랜더 페리와 함께 뉴질랜드의 북섬과 남섬을 이어
주는 다리 역할을 하는 이동수단이다. 블루 브리지 페
리 또한 매일 운행되며 여행 시간은 약 3시간 20분정
도 소요된다. 인터 아일랜드 페리 보다 운행 시간대가
적지만 저렴한가격과 양질의 서비스로 여행자들을 사
로잡고 있다. 블루 브리지는 총2척의(Santa Regina,
Monte Stello) 배를 운행하고 있으며, 370명의 승객
과 150대의 차량을 수송 가능한 여객선이다. 블루 브

리지 페리의 예약은 I-site, 여행자 숙소, 여행사, 인터넷, 철도역 등에서 가능하며
출발 시간 30분 전에 페리 터미널에 도착해서 탑승 수속을 한다.

블루 브리지 페리 시간표 (2009년 12월 기준)

웰링턴(Wellington) → 픽턴(Picton)			
웰링턴 출발 (매일 운행)	03:00 AM (토요일 제외)	픽턴 도착	06:20 AM
	08:00 AM		11:20 AM
	01:00 PM		04:20 PM
	09:00 PM* (토요일 제외)		00:20 AM
픽턴(Picton) → 웰링턴(Wellington)			
픽턴 출발 (매일 운행)	02:00 AM* (일요일 제외)	웰링턴 도착	05:20 AM
	08:00 AM (토요일 제외)		11:20 AM
	02:00 PM		05:20 PM
	07:00 PM		10:20 PM

* 표시는 화물운송 전용 시간대이지만
   때에 따라서 제한된 인원의 승객들도 이용할 수 있다.

블루 브리지 페리 요금표 (2009년 12월 기준)

Depart Wellington ↔ Arrive Piction	Saver Sail	Super Sail	Flexi Sail
성인 1인 편도	$50	$55	$66
성인 1인 편도 + 4m 이하의 승용차	$165	$185	$222

Saver Sail_ 환불이 불가능하고 체크인 24시간 전까지 시간 변경이 가능한 요금
Super Sail_ 체크인 24시간 전까지 50% 환불 및 시간 변경이 가능한 요금
Flexi Sail _ 체크인 24시간 전까지 100% 환불 및 시간 변경이 가능한 요금

블루 브리지 페리 터미널 주소
웰링턴 (Wellington) : Corner between Bunny St and Waterloo Qy
(Opposite to Wellington Railway Station)
픽턴 (Picton) : Lagoon Rd, Picton

블루 브리지 페리 예약 및 문의
전화 예약_ 0800 844 844
인터넷 예약_ www.bluebridge.co.nz
이메일 문의_ bookings@bluebridge.co.nz

뉴질랜드 기차 여행

뉴질랜드에서는 자동차와 버스 여행이 보편화되었기 때문에 기차 여행은 조금 색다른 여행을 선호하는 여행자들에게 인기가 많다. 인기 있는 기차 여행 패스는 Overlander, Tranz Alpine, Tranz Coastal 3가지가 있고, 각 패스마다 운행하는 구간이 다르다. 그밖에 한 달에 두 번씩 일요일에만 운행하는 증기 기관차 여행, 각 지역별로 짧은 구간을 운행하는 기차 여행 등 여러 가지 다양한 기차 여행 패스를 구입할 수 있다. 일반적으로 기차의 좌석에는 등급이 없고, 미리 예약을 하고 탑승해야 한다. 예약 문의는 각 지역의 I-site, 기차역, 여행자 숙소, 여행사, 인터넷에서 가능하며 예약을 했더라도 정해진 기일 내에 표를 구매하지 않으면 예약이 취소된다. 예약시 국제 학생증이나 백팩커 할인 카드가 있으면 할인을 받을 수 있으며, 한가지 카드당 한번의 할인이 가능하다. 기차 여행에 대한 자세한 정보는 각 지역의 I-site 또는 Tranz Scenic(www.tranzscenic.co.nz), Rail New Zealand(www.railnewzealand.com) 등의 인터넷 사이트에서 찾을 수 있다.

Overlander : Auckland to Wellington

　오버랜더 기차는 북섬의 가장 큰 도시 오클랜드에서 뉴질랜드의 수도인 웰링턴까지 운행하는 노선이다. 뉴질랜드의 중심에 있는 네셔널 파크^{National Park}과 오하쿠네^{Ohakune}를 지나 뉴질랜드의 농장 지대의 풍경을 파노라마 창으로 구경할 수 있으며, 오픈 객실에서는 불어오는 바람을 맞으며 넓은 풍경의 대자연을 볼 수 있다. 모든 객실에는 거대한 파노라마 창이 있기 때문에 시야각이 넓고, 라운지 스타일로 좌석을 배치한 객실과 같은 다양한 객실이 준비되어 있다. 오버랜더 기차 여행 서비스의 시간표는 성수기와 비수기에 따라 다르다. 성수기에는 매일 기차가 운행되지만 비수기에는 일주일에 3번만 운행되기 때문에 예약하기 전에 운행 시간표를 확인해야 한다. 오클랜드에서 웰링턴 까지는 약 10시간 40분 정도 소요되며, 운행 시간 확인과 예약 문의는 각 지역의 I-site, 여행자 숙소, 인터넷 Tranz Scenic(www.tranzscenic.co.nz)에서 가능하다. 오클랜드에서 웰링턴까지 성인 1명의 편도 요금은 $129(2009년)이다.

Tranz Apline : Christchurch to Greymouth

트렌즈 알파인 기차는 크라이스트 처치에서 그레이마우스까지 운행하는 노선으로 캔터베리 대평원의 아름다운 풍경과 멋진 장관의 계곡을 볼 수 있다. 남섬의 중심인 아서스 패스를 통과하여 서던 알프스의 종착역인 그레이 마우스까지 약 4시간 30분이 소요된다. 그레이 마우스는 푸나카이키와 빙하 투어를 가기위한 출발지이다. 기차의 모든 객실은 한쪽 방향으로 향한 좌석과 그룹이 서로 마주보며 앉을 수 있는 객실로 나누어져 있다. 또한 오픈된 객실에서는 바람을 맞으며 뉴질랜드 대자연을 온몸으로 느낄 수 있다. 트렌즈 알파인 기차는 뉴질랜드 남섬에서 가장 큰 도시인 크라이스트 처치에서 시작해 그레이 마우스까지 약 223.8Km를 달리며 총 16개의 터널과 5개의 다리를 지난다. 매일 크라이스트 처치와 그레이 마우스에서 출발하고, 뉴질랜드 남섬을 횡단하며 멋진 장관을 볼 수 있기 때문에 여행자들에게 인기가 높다. 운행 시간 확인과 예약 문의는 각 지역의 I-site, 여행자 숙소, 인터넷 Tranz Scenic(www.tranzscenic.co.nz)에서 가능하다. 크라이스트 처치에서 그레이 마우스까지 성인 1명의 편도 요금은 $161(2009년)이다.

Tranz Coastal : Picton to Christchurch

트렌즈 코스탈은 픽턴 항구에서 남섬에서 가장 큰 도시인 크라이스트 처치까지의 구간을 운행하는 기차이다. 카이코라Kaikoura방향으로 가는 도중에 한쪽은 아름다운 산의 풍경을 볼 수 있으며 반대편으로 태평양을 바라보면서 기차 여행을 즐길 수 있다. 중간 정착지인 카이코라에 멈춰서 고래를 보는 투어와 돌고래와 함께 수영할 수 있는 투어도 참가 할 수 있다. 크라이스트 처치로 가는 기차안에서 창문 밖으로 광대한 농장 지역을 볼 수 있으며, 해변쪽으로는 돌고래, 물개와 같은 동물도 볼 수 있다. 트렌즈 코스탈 기차 여행은 세계에서 가장 아름다운 기차 여행 중 하나로 꼽히며, 크라이스트 처치까지 총 22개의 터널과 175개의 다리를 건넌다. 오픈된 객실에서는 시원한 공기를 온몸으로 맞으며 완전한 자연을 느낄 수 있다. 인터 아일랜더 페리 시간표가 변경됨에 따라 트렌즈 코스탈 서비스 시간이 자주 변경되기 때문에 예약하기 전에 운행 시간을 꼭 확인하도록 하자. 운행시간 확인은 Tranz Scenic(www.tranzscenic.co.nz)에서 가능하다. 픽턴에서 크라이스트 처치까지 성인 1명의 편도 요금은 $118(2009년)이다.

뉴질랜드 비행기 여행

뉴질랜드는 각 도시와 휴양지별로 항공 노선이 잘 발달되어 있고, 비행기 여행으로 장거리 여행의 시간을 절약할 수 있다. 뉴질랜드 국내선은 물론 국제선까지 다양한 노선의 항공권을 예약할 수 있고, 대표적인 항공사로 에어 뉴질랜드Air New Zealand와 호주 항공사 콴타스Qantas가 있으며 저가형 항공사는 버진 블루Virgin Blue, 젯스타Jet Star, 퍼시픽 블루Pacific Blue 등이 있다. 시간대에 따라서 항공권의 가격이 다르며 환불이나 스케줄 변경이 불가능한 티켓도 있다. 항공권 예약과 구입은 시내에 있는 여행사 또는 인터넷을 이용해 시간과 가격대를 선택해서 편리하게 예약할 수 있다. 여행 성수기에는 반드시 사전에 항공권을 예약해야 안전하게 항공권을 구입할 수 있다.

뉴질랜드 항공사_ www.airnewzealand.co.nz
호주 항공사 콴타스 뉴질랜드 지점_ www.qantas.co.nz
호주 저가 항공사_ www.virginblue.co.nz
버진 블루의 자회사로 뉴질랜드 저가 항공사_ www.flypacificblue.com
호주 국내선 항공사 젯스타_ www.jetstar.com
항공권, 호텔, 여행 상품 예약 업무_ www.flightcentre.co.nz
에어 뉴질랜드의 저렴한 항공권 예약_ www.grabaseat.co.nz
저렴한 항공권 및 호텔 검색_ www.houseoftravel.co.nz

북섬

케이프 레잉아 (Cape Reinga)

뉴질랜드 북섬 최북단에 위치한 케이프 레잉아. 오클랜드에서 7시간 이상 걸리는 제법 먼 거리지만 그곳은 뉴질랜드의 최북단이라는 것만으로도 매력적인 곳이다. 거센 바람에 부서지는 파도와 망망대해의 풍경은 보는이로 하여금 무한한 감동을 느끼게 한다.

베이 오브 아일랜드 (Bay Of Islands) www.bayofislands.co.nz

오클랜드에서 북쪽으로 4시간 거리에 있는 베이 오브 아일랜드. 이곳은 북섬에서 휴양지로 제법 유명한 곳으로 많은 사람들이 투어와 크루즈, 해양 스포츠 등을 즐기러 찾는 곳이다. 이곳에서 90마일 비치, 케이프 레잉아, 모래 언덕Sand Hill을 합친 패키지 투어를 신청할 수 있다.

요트의 천국 황가레이. 황가레이는 마오리족 언어로 '중요한 항'이라는 뜻으로 예전부터 항구로서 중요한 역할을 했던 도시이다. 조용한 분위기의 도시와 보트 선착장을 중심으로 아름다운 카페들이 즐비해 있다.

뉴질랜드에서 가장 큰 도시. 오클랜드의 상징인 스카이 타워와 수많은 빌딩들이 현대적인 뉴질랜드의 모습을 보여준다. 오클랜드 대학, 오클랜드 박물관, 공원, 운동장 등 여러 가지 교육기관과 문화시설이 많다.

해밀턴 정원 (Hamilton Gardens) www.hamiltongardens.co.nz

오클랜드에서 2시간 정도 남쪽으로 내려가면 해밀턴 정원이 나온다. 각각의 정원마다 테마별, 나라별로 꾸며져 있어서 여러 가지 아름다운 정원의 모습을 볼 수 있다.

와이토모 동굴 (Waitomo Caves) www.waitomo.com

석회암 지대인 와이토모 지역에는 여러 개의 종유 동굴이 있어 동굴 안을 탐험하는 관광이 유명하다. 보트를 타고 어두운 동굴에서 별과 같이 빛나는 반딧불을 볼 수 있고, 블랙 워터 래프팅 또한 동굴 안에서 즐길 수 있다.

로터루아 (Rotorua) www.rotorua.co.nz

유황 냄새로 가득한 북섬 최대의 관광지 로터루아. 로터루아에는 볼거리와 즐길 거리가 많다. 마오리족의 문화가 잘 보존되어 있어 여러 가지 공연도 볼 수 있으며 전통 공예 작품을 판매하기도 한다. 또한 폴리네시안 온천에서 피로에 노천욕을 즐길 수 있다.

타우포 (Taupo) www.taupodc.govt.nz

바다 같은 호수와 레포츠의 천국으로 유명한 타우포. 타우포는 뉴질랜드 북섬 중앙에 위치한 소도시로 호수 주변의 아름다운 경관과 함께 제트보트, 번지점프, 헬기 투어, 스카이 다이빙 등 여러 가지 레포츠를 즐길 수 있는 곳이다.

네이피어 (Napier) www.napier.govt.nz

ART DECO의 도시 네이피어. 네이피어는 아트데코 방식의 건물로 유명한 관광 도시이다. 한 때 태풍으로 네이피어 일대가 심각한 피해를 입었다. 다시 재건하는 과정에서 유럽의 아트데코 양식이 들어와 건물의 대부분을 이 아트데코 양식을 이용해 재건했다. 네이피어는 다른 대도시에 비해 크지는 않지만 아름다운 건물과 조용한 분위기 때문에 많은 관광객들이 찾는 도시이다.

웰링턴 (Wellington) www.wellingtonnz.com

뉴질랜드의 수도 웰링턴. 바람의 도시답게 바다로부터 강한 바람이 불어오고, 뉴질랜드 최고의 무역항으로 수출이 활발하다. 1867년에 세계 최대의 목조 건축물인 정부청사가 건설되었으며, 뉴질랜드 정부에서 운영하는 테 파파$^{Te\ Papa}$ 국립 박물관에는 뉴질랜드 개척사, 이민사, 전쟁사, 자연사 등이 전시되어 있다.

남섬
넬슨 (Nelson) www.nelson.co.nz

뉴질랜드의 중심 넬슨. 넬슨은 아벨 타즈만 트래킹, 카약으로 유명하며 작지만 활력이 넘치는 도시이다. 과거 넬슨의 모습을 마을로 꾸며놓은 파운더스 공원과 토요일에 열리는 마켓에는 볼거리가 가득하다.

크라이스트 처치 (ChristChurch) www.ccc.govt.nz

남섬 최대의 도시 크라이스트 처치. 영국풍 건물이 많은 크라이스트 처지는 영국인들의 생활상이 잘 보존되어 있다. 남섬의 정치, 경제, 문화, 관광의 중심지이며 도시 전체가 하나의 공원이라고 할 만큼 공원이 잘 꾸며져 있다.

아카로아 (Akaroa) www.akaroa.com

크라이스트 처치에서 남서쪽으로 약 85km 떨어진 곳에 위치한 작은 도시 아카로아. 영국과 프랑스의 통치를 받던 때의 건축물이 지금까지도 남아있는 아름다운 항구 도시이다. 여름철 휴양지도 유명한 곳이며 빼어난 자연경관과 함께 여유로움을 느낄 수 있다.

테카포 호수 (Lake Tekapo)

하늘빛 호수가 아름다운 테카포 호수. 빙하가 녹아서 형성된 테카포 호수는 물 색이 에메랄드 빛으로 유명하다. 근처에는 연어 양식장이 있어 싱싱한 연어회를 맛볼 수 있다.

작지만 훌륭한 역사적 건축물이 많은 오마루. 오마루 시내의 주요 볼거리는 19세기 후반에 세워진 아름다운 건축물들이다. 또한 오마루에는 펭귄 서식지가 두 곳이나 있으며, 펭귄 콜로니에서는 펭귄들이 바다에서 육지로 들어오는 모습을 관찰할 수 있다.

프란츠 요셉 & 폭스 빙하 (Franz Joseph & Fox Glacier)

수만년 동안에 걸쳐서 이루어진 설원과 빙하. 빙하가 녹은 물이 호수와 강을 이루고 있고, 프란츠 요셉과 폭스 빙하는 관광객들이 직접 빙하를 밟고 오를 수 있는 곳으로 유명하다. 지구 온난화로 인해 빙하의 길이는 점점 짧아지고 있다.

와나카 (Wanaka) www.lakewanaka.co.nz

뉴질랜드 노인들이 은퇴하고 살고 싶은 도시 중 1위로 뽑힌 와나카. 와나카는 큰 호수가 있는 조용하고 경치 좋은 마을이다. 여름에는 호수에서 수영과 해상 스포츠를 즐기고, 겨울에는 산에서 스키를 즐길 수 있다. 와나카의 퍼즐링 월드는 쓰러질 듯 기울어진 건물과 가장 긴 미로를 가진 테마 파크로 유명하다.

퀸스타운 (Queenstown) www.queenstown.com

여왕의 도시 퀸스 타운. 각종 레포츠로 유명한 퀸스타운은 특히 겨울에 스키 관광객들로 붐빈다. 스키 시즌에는 모든 백팩커의 방이 없을 정도로 인기가 많은 곳이다. 퀸스타운에서는 제트보트와 번지점프, 스카이 다이빙, 크루즈, 곤돌라, 루지 등의 많은 액티비티를 즐길 수 있다.

밀포드 사운드 (Milford Sound) www.milfordsound.com

피오르드랜드에서 최고의 인기를 누리고 있는 밀포드 사운드! 빙하에 의해 주변 산들이 1,000m 이상 수직에 가까운 각도로 잘려져 나간 듯 한 풍경은 뉴질랜드를 대표하는 자연 경관으로 소개되고 있다. 이 풍경은 크루즈를 통해 감상할 수 있다. 밀포드 사운드로 가기 전에 날씨 확인은 필수! 날씨가 좋지 않으면 통행을 금지시킨다.

더니든 (Dunedin) www.dunedin.govt.nz

남섬 제 2의 도시 더니든. 크라이스트 처치 다음으로 남섬에서 제일 큰 도시이다. 더니든에는 스코틀랜드에서 이주해 온 이민자들이 많아 스코트랜드의 분위기가 짙게 깔려있다. 더니든에는 오타고 박물관, 오타고 대학, 식물원, 시그널 힐, 오타고 남자 고등학교, 더니든 기차역 등의 볼거리들로 가득하다.

1 항공권 재확인

2 은행계좌 닫기

3 세금 환급받기

9

귀국 준비하기

01 항공권 재확인 Reconfirm

항공사는 예약 취소로 인한 빈 좌석을 채우기 위해서 초과 예약 방법을 사용한다. 성수기에는 초과 예약에 의해서 탑승이 어려울 수 있고, 갑자기 항공편이 변경되거나 취소될 수도 있기 때문에 귀국하기 전에 항공사에 귀국 날짜 리컨펌을 하는 것이 좋다. 오픈 항공권의 귀국 날짜를 정했다면 성수기에는 2~3개월 전에 리컨펌 하는 것이 좋고, 날짜를 변경했거나 귀국 날짜를 정하지 않은 오픈 항공권은 출발 3일전까지 귀국 날짜를 결정하거나 리컨펌을 해야 한다. 한국의 여행사를 통해서 온 경우 여행사에 전화를 해서 날짜를 변경하는 방법도 있지만 현지 항공사에 직접 전화하거나 방문해서 귀국 날짜를 변경하거나 리컨펌을 하는 것이 안전하다. 항공사에 따라서 날짜 변경에 대한 수수료가 있거나 리컨펌시 서비스 요금^{Service Charge}이 들기도 한다.

항공권 리컨펌 하기

❶ 전화로 재확인

자신의 이용하는 항공사의 지점이 뉴질랜드에 있는지 확인 한 후 성명, 출발일, 항공 편명 등을 알려준 후 리컨펌을 받는다.

❷ 해당 항공사 방문

뉴질랜드의 큰 도시에는 외국 항공사들의 지점이 있다. 자신의 항공권 티켓을 가지고 해당 항공사에 방문하여 날짜 변경이나 항공권 리컨펌을 받는다.

❸ 한국 여행사에 재확인

한국 여행사에 전화해서 항공권 재확인을 하거나 날짜를 변경할 수 있다. 시차를 주의해서 전화하자.

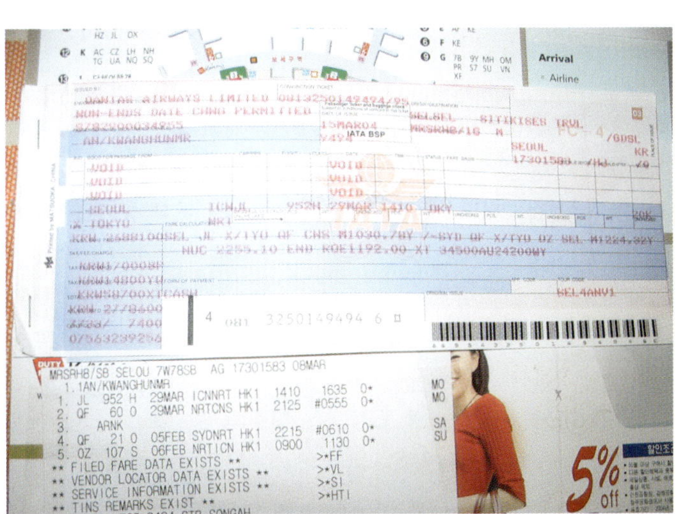

항공사별 사무실 위치 및 연락처

항 공 사	지 역	전 화	주 소
일본 항공 (Japan Airlines)	오클랜드	0800 525 747, (09) 379 3202	12th Floor, 120 Albert street
	크라이스트 처치	0800 525 747, (03) 365 5879	4th Floor, Clarendon Tower, 78 Worcester Street
싱가폴 항공 (Singapore Airlines)	오클랜드	0800 808 909 (09) 379 3209	Level 10, West Plaza Building Corner of Albert & Fanshawe St.
	크라이스트 처치	0800 808 909 (03) 366 8099	Level 13 Forsyth Barr House Cnr Colombo & Armagh St
말레이시아 항공 (Malaysia Airlines)	오클랜드	(09) 303 2129	Level 12/Affco House, 12 Swanson Street
타이 항공 (Thai Airlines)	오클랜드	(09) 377 3886	22 Fanshawe Street
케세이 퍼시픽 항공 (Cathay Pacific Airlines)	오클랜드	0800 800 454 (09) 275 0847	11th Floor, National Bank Centre, 205 Queen Street.
대한 항공 (Korean Airlines)	오클랜드	(09) 914 2000	Level 14, Korean Air Regional Office, 120 Albert St.

  뉴질랜드 생활이 끝나고 귀국하기 전에 은행 계좌를 닫고 가는 것이 좋다. 계좌 유지비로 수수료가 빠져나가는 계좌를 개설했다면 나중에 잔고가 없어서 마이너스 통장이 되기도 한다. 또한 귀국시 세금 환급을 신청할 때 계좌를 닫았는지 확인하며, 계좌를 닫지 않았다면 세금 환급액이 뉴질랜드 통장으로 송금 될 수도 있기 때문에 다시 뉴질랜드에 올 계획이 없다면 귀국할 때 은행 계좌를 해지하고 가도록 하자. 은행 계좌를 닫는 방법은 아주 간단한다. 거래 은행에 가서 계좌 해지 Account Closing를 신청하면 그 자리에서 해지와 함께 잔금을 돌려준다.

03 세금 환급받기

  초과 지불한 세금을 돌려받는 것을 세금 환급 Tax Refund 라고 한다. 뉴질랜드 회계 연도는 4월 1일부터 다음해 3월 31일까지이고, 세금 환급을 받기 위해서는 기간 연장을 하지 않는 한 7월 7일 이전까지 IRD Inland Revenue Department 사무실에서 신청하거나 우편으로 보내면 된다. 신청서(IR3)가 까다롭고 직접 환급액을 계산해야 되기 때문에 세금 환급을 포기하고 돌아가는 워킹홀리데이 메이커들이 많은데 세금 지불 내역서 Tax Summary 와 함께 가이드북(IR3G)을 보면 어렵지 않게 작성할 수 있다. 환급기간 전에 뉴질랜드를 떠난다면 IR50(People leaving New Zealand) 신청서를 함께 작성해야 기간에 상관없이 세금 환급을 받을 수 있다. 귀국으로 인한 세금 환급은 일주일 전부터 미리 준비를 하고, 은행 계좌를 닫고 귀국일 이틀 전에 신청하는 것이 좋다. 뉴질랜드 체류 중에 환급액을 받는다면 은행 계좌로 신청을 하고, 한국으로 귀국할 경우 수표 Cheque 로 신청해서 받을 수 있다. 세금 환급액은 신청 후 프로세싱 기간을 거쳐 뉴질랜드 은행 계좌로 입금해준다. 계좌를 해지하고 한국 주소로 신청한 사람에게는 환급액이 적힌 수표를 동봉하여 한국으로 보내준다.

세금 환급 서류 준비 (예)

일한기간	귀국일	세금 환급 신청 서류	신청 예정일
07년 12월 ~ 08년 3월	뉴질랜드에서 세금 환급 받기	IR3 2008 Form (07년 4/1 to 08년 3/31)	08년 4월 1일 ~ 7월 7일
	08년 5월 17일	IR50 Form (People leaving New Zealand) IR3 2008 Form (07년 4/1 to 08년 3/31)	귀국일 일주일 내
08년 1월 ~ 08년 5월	08년 6월 13일	IR50 Form (People leaving New Zealand) IR3 2008 Form (07년 4/1 to 08년 3/31) IR3 2009 Form (08년 4/1 to 09년 3/31)	귀국일 일주일 내
08년 4월 ~ 08년 6월	08년 9월 19일	IR50 Form (People leaving New Zealand) IR3 2009 Form (08년 4/1 to 09년 3/31)	귀국일 일주일 내

세금 환급 신청 장소

가까운 IRD(Inland Revenue Department) Office

세금 환급 신청 준비물

뉴질랜드 체류 중일 때

여권 // IRD 번호 // 은행 계좌번호 // 뉴질랜드 현지 주소 // 급여명세서 Payslip
텍스환급 신청서 IR3 Form 작성

귀국 전에 신청할 때

여권 // IRD 번호 // 한국 주소 // 항공권 사본 // 급여 명세서 Payslip
텍스환급 신청서 2개 작성(IR50, IR3 Form)

세금 환급 신청서 작성하기

　세금 환급 신청서를 작성하기 위해서는 원천징수 금액과 총 수입이 적힌 소득 공지서 Summary Of Earnings가 있어야 한다. 소득 공지서는 세금 정산 기간에 IRD 번호를 신청할 때 기입했던 주소로 발송된다. 소득 공지서에 적힌 금액을 신청서에 기입하여 세금 환급액을 계산한다. 소득 공지서 신청은 IRD 사이트 또는 전화(0800 257 773)로 할 수 있다. 귀국 전에 신청을 한다면 IRD 사무실에 가서 세금 납부 증명서 Tax Summary를 요청하거나 오피스에 비치되이 있는 안내 전화로 세금 납부 내역을 확인할 수 있다.

소득 공지서 Summary of Earnings

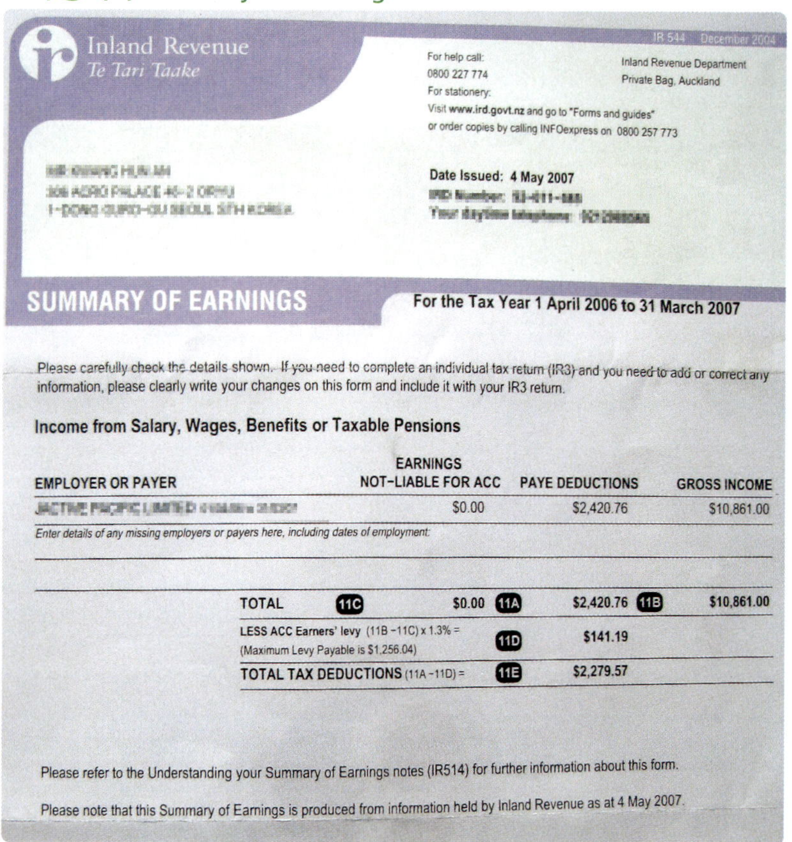

Tax Summary (IRD 사무실에서 확인할 수 있다)

	Gross Amt	PAYE Deduct	Tax Deduct
Total:	10,861.00	2,420.76-	2,279.57-

Mth	TaxCd	Gross Amt	PAYE Deduct
APR	CAE	2,721.00	605.87-
MAY	CAE	1,574.00	350.81-
JUN	CAE	4,213.00	939.40-
JUL	CAE		
MAR	CAE	2,353.00	524.68-

　　뉴질랜드를 떠날 때 텍스 환급을 신청하는 사람은 IR50 신청서와 IR3 신청서를 함께 작성해야 한다. 뉴질랜드를 떠나지 않고 현지에서 텍스 환급을 받는다면 IR50 신청서를 작성하지 않아도 된다.

IR50 신청서 작성하기

IR50 신청서를 작성할 때에는 여권, IRD 번호, 한국 주소, 항공권 사본, 급여 명세서 ^{Payslip}, IR3 신청서를 함께 준비하도록 하자.

Inland Revenue
Te Tari Taake

DLN

IR 50
June 2007

Refund application – people leaving New Zealand

Please attach your completed *Individual tax return (IR 3)* to this form

- Use this form to request an urgent income tax refund if you are leaving New Zealand permanently or for more than 325 days.
- You must provide your tickets, or a travel agent's itinerary and proof of full payment, to prove your departure date.
- Please answer all questions and make sure you sign the declaration.

1. Your IRD number
(8 digit numbers start in the second box. 12345678)

2. Your full name — Mr   Mrs   Miss   Ms   (Tick one)
   First names
   Surname

3. Your New Zealand address
   Street address or PO Box number
   Town or city

4. Your overseas address
   Street address or PO Box number
   Town or city and country

5. Your postal address
   Street address or PO Box number
   Town or city and country

6. How do you want your refund paid?
   Direct credited—print your account number.
   Note: We can only direct credit to New Zealand bank accounts.
   Bank   Branch   Account number   Suffix
   If your suffix has only two numbers, leave the last space blank
   Name of account
   Posted—see Question 5. Cheques will be made out to the name you show at Question 2 and will be in New Zealand dollars.

7. Do you have a student loan?   Yes   No   (Tick one)

8. Do you pay or receive child support?   Yes   No   (Tick one)

9. Will you be away from New Zealand for more than 325 days?   Yes   No   (Tick one)

10. Have you been in New Zealand for 183 days before the date you leave? Fill in your New Zealand arrival and departure dates
    Arrival — Day   Month   Year
    Departure — Day   Month   Year

11. Why are you leaving New Zealand?

12. Will you keep property in New Zealand (such as land, buildings or shares)? If "Yes" give details below.

Yes   V No   (Tick one)

The address of any property

Street address or PO Box number

Town or city

Details of shares (attach a
separate note if necessary)

What arrangements have you
made for the shares and property?

13. Will you be keeping any New Zealand bank accounts open? If "Yes" attach details. ☜ NZ 은행 계좌를 닫지않고
Yes   No   (Tick one)   며날 것인가?

14. Will you have any other income from New Zealand paid or credited to you after you leave? If "Yes" attach details.
Yes   No   (Tick one)   ☜ NZ를 떠난후에도 수입이 있는가?

15. Declaration
*I will be away from New Zealand permanently or for more than 325 days and I will **not** have an enduring relationship
with New Zealand after I leave. I understand that if I return to New Zealand my tax situation may be reviewed.*

Signature

/   /   ☜ 서명과 날짜
Date

Privacy Act 1993
Meeting your tax obligations involves giving accurate information to Inland Revenue. We ask you for information so we can assess
your liabilities and entitlements under the Acts we administer.
You must, by law, give us this information. Penalties may apply if you do not.
We may exchange information about you with the Ministry of Social Development, Ministry of Justice, Department of Labour, Ministry
of Education, New Zealand Customs Service, Accident Compensation Corporation or their contracted agencies. Information may be
provided to overseas countries with which New Zealand has an information supply agreement. Inland Revenue also has an agreement
to supply information to Statistics New Zealand for statistical purposes only.
You may ask to see the personal information we hold about you by calling us on 0800 377 774. Unless we have a lawful reason for
withholding the information, we will show it to you and correct any errors.

Notes
A New Zealand tax resident is anyone who:
– is in New Zealand for more than 183 days in any 12 months, or
– has an "enduring relationship" with New Zealand.
A person becomes a non-resident if they:
– are away from New Zealand for more than 325 days in any 12 months, and
– don't have an "enduring relationship" with New Zealand.
An "enduring relationship" with New Zealand covers presence in New Zealand, accommodation, social and economic ties, employment
or business, personal property, intentions, benefits and pensions. Our booklet *New Zealand tax residence (IR 292)* has more information.

OFFICE USE ONLY

1. ◯ IRD number provided.
2. ◯ Return completed and signed.
3. ◯ Confirmation of earnings, PAYE and earners' account levy and residual claims levy attached.
4. ◯ *Refund application – people leaving New Zealand (IR 50)* completed and signed.
5. ◯ Student loan assessment calculation (SL 50) completed if needed.
6. ◯ Person will be absent for more than 325 days.
7. ◯ Departure date confirmed (tickets, or a travel agent's itinerary and proof of full payment, attached).
8. ◯ Flight number:

Day   Month   Year

9. ◯ FIRST checked – prior year ind/arrears/previous return filed/SL and CS details updated.

Checked by:

Day   Month   Year

IR3 신청서 작성하기

　뉴질랜드에서 세금 환급을 받는 경우에는 현지 주소와 은행 계좌를 기입한다. 귀국 전에 세금 환급을 신청하는 경우에는 은행 계좌를 기입하지 않고, 한국 주소와 연락처를 기입한다. 환급액을 계산해서 신청하면 국세청 직원이 다시 한번 계산하여 확인하기 때문에 잘 모르는 사항이 있다면 힘들게 기입하지 말고 생략하도록 하자. 금액이나 환급액에 대한 사항 보다 개인 정보를 정확히 기입하고, 필요한 서류를 준비하는 것이 중요하다.

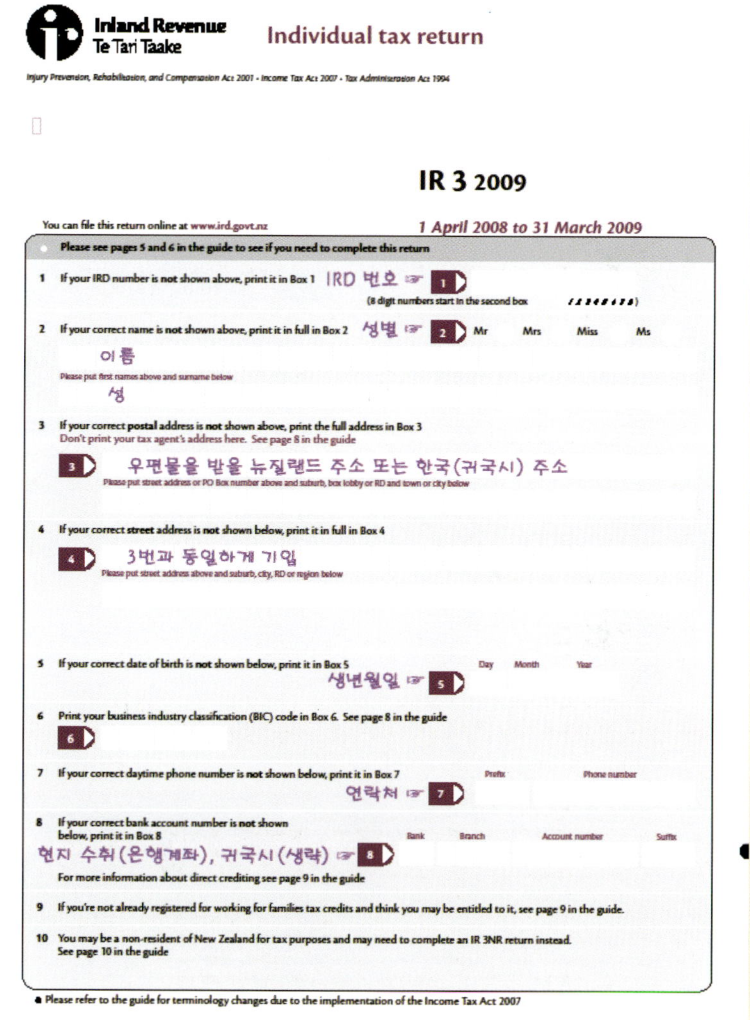

11A에는 소득 공지서 또는 세금 납부 내역서에 나온 금액을 그대로 옮겨 적는다.

Income

Note: If any total is a loss, put a minus sign in the last box provided

11 Did you receive **family tax credit** from **Work and Income**? Don't include any payments from Inland Revenue ☜ 자녀 양육비 보조

No   Go to Question 11A   Yes   Enter the amount from your summary of earnings here

Total family tax credit from Work and Income

11 $

11A Did you receive **income with tax deducted**, as shown on your summary of earnings? ☜ 세금 공제한 수입을 기입
See page 11 in the guide

No   Go to Question 12   Yes   Copy the amounts from your summary of earnings to Boxes 11A to 11E

Total PAYE deducted ☜ 근로소득세 공제액

11A $

Total gross income ☜ 세전 총 수입

11B $

ACC earners' levy ☜ ACC 공제액 : (11B-11C)X1.7%   Total income not liable for ACC earners' levy ☜ ACC 공제 미해당 수입

11D $

11C $

Total tax deducted ☜ 최종 세금 공제액(11A-11D)

11E $

See page 13 in the guide for a list of income not liable for ACC earners levy (eg NZ Super, income-tested benefits, student allowances)

12 Did you receive income from **schedular payments**, as shown on your summary of earnings? ☜ 분리 납부에 의한 수입
See page 14 in the guide

No   Go to Question 13   Yes   Copy the schedular payments totals from your summary of earnings

Total tax deducted

12A $

Total gross payments

12B $

13 Did you have any **New Zealand interest** paid or credited to you? Include any interest from partnerships and trusts. Keep your interest statements or certificates ☜ 이자를 받은적이 있는가?(은행, 투자, 신용, 보증 관련)

No   Go to Question 14   Yes   See page 15 in the guide. Print the totals here

Total RWT ☜ 이자에 대한 원천과세

13A $

Total gross interest ☜ 소득 이자 총 합계

13B $

14 Did you have any **New Zealand dividends** paid or credited to you or did you receive shares instead of dividends? ☜ 주식관련(주주배당)
Include any dividends from partnerships or trusts. Keep your dividend statements

No   Go to Question 15   Yes   See page 18 in the guide. Print the totals here

Total dividend imputation credits

14 $

Total dividend RWT and payments for foreign dividends

14A $

Total gross dividends

14B $

15 Did you receive any taxable **Māori authority distributions**? Keep your distribution statement ☜ 마오리 관련 과세 내용

No   Go to Question 16   Yes   See page 19 in the guide. Print the totals here

Total Māori authority credits

15A $

Total Māori authority distributions

15B $

16 Did you receive any **New Zealand estate or trust income**? See page 20 in the guide ☜ 토지 또는 신탁에 의한 소득

No   Go to Question 17   Yes   Print the totals here. Exclude interest, dividends and distributions at Questions 13, 14 or 15 as appropriate

Total tax paid by trustees

16A $

Total estate or trust income (excluding amount in Box 16C)

16B $

Total taxable distributions from non-complying trusts

16C $

17 Did you receive any **overseas income**? Staple proof of overseas tax paid and a letter detailing any overseas losses to the top of page 3
☜ 해외 소득

No   Go to Question 18   Yes   See page 21 in the guide. Print the totals here

Total overseas tax paid

17A $

Total overseas income

17B $

19번에 텍스 공제와 총 소득의 소계를 기입한다.

18 Did you receive any **partnership income?** Exclude income at Questions 13, 14, 15, 17, 21 or 23 as appropriate ☞ 제휴 이익 관련

No   Go to Question 19   Yes   See page 26 in the guide. Print the totals here

Total partnership tax credits

18A $,   ,   .

Total active partnership income

18B $,   ,   .

19 Tax credit and income subtotal ☞ 소계

Add the blue Boxes 11E, 12A, 13A, 14A, 15A, 16A, and 18A. Print the total in Box 19A.

Add the dark red Boxes 11B, 12B, 13B, 14B, 15B, 16B, 16C, 17B and 18B. Print the total in Box 19B.

Tax credit subtotal ☞ 텍스 공제 소계

19A $,   ,   .

Income subtotal ☞ 소득 소계

19B $,   ,   .

20 Did you receive a **shareholder-employee salary** with no tax deducted? ☞ 주식 관련

No   Go to Question 21   Yes   See page 26 in the guide, then print the total in Box 20

Total shareholder-employee salary

20 $,   ,   .

21 Did you receive any **rents?** ☞ 임대료 관련

No   Go to Question 22   Yes   See page 27 in the guide, then print the net rents in Box 21

Net rents

21 $,   ,   .

22 Did you receive income from **self-employment?** ☞ 자영업 수익 관련
Don't include any income from your summary of earnings here.

No   Go to Question 23   Yes   See page 27 in the guide, then print the net income in Box 22

Self-employed income

22 $,   ,   .

23 Did you receive any **other income?** ☞ 기타 소득

No   Go to Question 24   Yes   See page 29 in the guide, then print the net income in Box 23

Total other income

23 $,   ,   .

Please put name of payer above and type of income below

24 Are you claiming a loss from a **loss attributing qualifying company (LAQC)?** ☞ LAQC 주주의 순손실 관련

No   Go to Question 25   Yes   See page 32 in the guide, then print the loss in Box 24

Amount of loss

24 $,   ,   —

25 **Total income**
Add Boxes 19B, 20, 21, 22 and 23 and subtract any loss claimed in Box 24. Print your answer in Box 25

Total income ☞ 총 소득의 합계(19B-23)

25 $,   ,   .

26 Are you claiming **expenses** against your income? Note: Don't show expenses claimed elsewhere in this return here ☞ 수입을 위한 지출 (대행료, 수수료 등)

No   Go to Question 27   Yes   See page 32 in the guide, then print the total in Box 26

If you paid someone to complete your return, print that person's name in the panel below

Total expenses claimed

26 $,   ,   .

Please put first names above and surname below

27 **Income after expenses**
Subtract Box 26 from Box 25. Print your answer in Box 27
Use this amount to work out your tax credits

Income after expenses ☞ 지출 후 수입(25-26)

27 $,   ,   .

28 Are you claiming **net losses brought forward?** ☞ 순손실 금액에 대해서 기입

No   Go to Question 29   Yes   See page 33 in the guide, then print the net loss amounts in Boxes 28A and 28B

Amount brought forward

28A $,   ,   —

Amount claimed this year

28B $,   ,   .

29 **Your taxable income**
Subtract Box 28B from Box 27 Print your answer in Box 29

Taxable income ☞ 과세 소득(27-28B)

29 $,   ,   .

　　30번은 27번에 기입한 금액이 $9,800 미만일 때 YES에 체크하고 가이드북 35페이지의 안내에 따라 자신이 일했던 주의 총 합계를 기입한다. 34번은 가이드북 42페이지에 나와 있는 세금 계산기를 통해서 기입한다.

Tax credits

Tax credits for donations, childcare or housekeeper payments are claimed on the *Tax credit claim form (IR 526)*. Don't send in donation receipts with this IR 3 return. See page 34 in the guide

30　Is your income at Question 27 under $9,880 and did you get it by working 20 hours or more a week and/or from a sickness benefit, accident compensation payments or earner-related compensation?　🖝 27번에 기입한 금액이 $9,800 미만인가?

No　　Go to Question 31　　Yes
- To work out if you can claim this tax credit, see page 34 in the guide
- Copy the number of weeks from Box 4 on page 35 in the guide to Box 30A

If you don't fill in Box 30A, we won't be able to calculate your tax credit

Print the number of weeks here　**30A**▷

Print your tax credit here　**30**▷ $

31　Tax credit for children: Were you under 15 or under 19 and still at school, at any time from 1 April 2008 to 31 March 2009?
Note: If all of your income is interest, dividends, and/or Māori authority distributions you can't claim this tax credit　🖝 19세 미만

No　　Go to Question 32　　Yes　　To work out if you can claim this tax credit, see page 36 in the guide

Print your tax credit here　**31**▷ $

Tax calculation

32　Do you have excess imputation credits brought forward?　🖝 소득에 대한 초과 법인세
No　　Go to Question 33　　Yes　　See page 37 in the guide
Print the total in Box 32　**32**▷ $

33　Are you claiming the research and development tax credit?　🖝 연구개발에 관련된 세금 공제
No　　Go to Question 34　　Yes　　See page 37 in the guide
Print the total in Box 33　**33**▷ $

34　Please use the tax calculation worksheet on page 42 in the guide to work out the amount of tax to pay or amount to be refunded
※ 세금 계산표를 이용해 기입한다.
- Print the tax on taxable income from Box 2 of the worksheet in Box 34

Tax on taxable income　**34**▷ $

- Print the residual income tax from Box 14 of the worksheet in Box 34A

Residual income tax　**34A**▷ $

(Tick one)　Credit　　Debit

- Print the tax calculation result from Box 16 of the worksheet in Box 34B

Tax calculation result　**34B**▷ $

(Tick one)　Refund　　Tax to pay

35　Are you entitled to claim an early payment discount?
See page 45 in the guide　🖝 기일전 납부 할인 관련　**35**▷　　Yes　　No

Calculating your tax credit for income under $9,880

Worksheet for income under $9,880 tax credit

Work out the number of weeks you can claim for. They must be whole weeks of 20 hours or more.

1 Print the number of weeks you worked 20 hours or more in Box 1.

2 Print the number of weeks, if any, you were on accident compensation in Box 2.

3 Print the number of weeks, if any, you were on a benefit paid for sickness or accident in Box 3.

4 Add Boxes 1, 2 and 3. Print the answer in Box 4. Copy this number to Box 30A of your return.

Use this panel only if your income after expenses in Box 27 of your return is less than $6,241

5 Multiply the number in Box 4 by $14. Print your answer in Box 5. This is your tax credit. Copy it to Box 30 of your return.

Use this panel only if your income after expenses in Box 27 of your return is between $6,241 and $9,880

6 $ 9,880.00

7 Copy your income after expenses from Box 27 of your return to Box 7.

8 Subtract Box 7 from Box 6. Print the answer in Box 8.

9 Multiply the amount in Box 8 by 0.20 (20 cents in the dollar). Print your answer in Box 9.

10 Copy the number of weeks from Box 4 to Box 10.

11 Multiply Box 9 by Box 10. Print the answer in Box 11.

12 Divide Box 11 by 52. Print the answer in Box 12. This is your tax credit. Copy it to Box 30 of your return.

Question 34   Tax calculation

Use this worksheet to work out the amount of tax to pay or amount to be refunded

1 Copy your taxable income from Box 29 in your return to Box 1. If the amount is a loss, print "0.00". $

2 Work out the tax on taxable income from page 38 to 41 in the guide. Print your answer in Box 2. Copy this amount to Box 34 of your tax return. $

3 Add up Boxes 30 and 31 from your return. This is your total tax credit. Copy this figure to Box 3. $

4 Subtract Box 3 from Box 2. Print your answer in Box 4. If Box 3 is larger than Box 2 print "0.00". $

5 Copy your overseas tax paid, if any, from Box 17A in your return to Box 5. $

6 Subtract Box 5 from Box 4. Print your answer in Box 6. If Box 5 is larger than Box 4 print "0.00", then read overseas tax credits on page 22 in this guide. $

7 Copy your imputation credits, if any, from Box 14 in your return to Box 7. $

8 Copy your excess imputation credits brought forward from Box 32 in your return to Box 8. $

9 Add up your total imputation credits from Boxes 7 and 8 and print the total in Box 9. $

10 Subtract Box 9 from Box 6. Print the answer in Box 10. If Box 9 is larger than Box 6 print "0.00", then read excess imputation credits carried forward on page 43. $

11 Copy your tax credit subtotal from Box 19A in your return to Box 11. $

12 If you are claiming the research and development tax credit (R&D) print the claim amount in Box 12 $

13 Add boxes 11 and 12 together and print the total in Box 13. $

14 Subtract Box 13 from Box 10. Print your answer in Box 14. $

This is the residual income tax.

If Box 13 is larger than Box 10 the result is a credit.
If Box 10 is larger than Box 13 the result is a debit.   (Tick one) ◯ Credit   ◯ Debit

Copy this amount to Box 34A of your tax return.

15 Print any 2009 provisional tax paid in Box 15. $

16 If Box 14 is a credit, add Box 14 and Box 15. Print the answer in Box 16. This is your refund. $

If Box 14 is a debit, subtract Box 15 from Box 14. Print your answer in Box 16. This is your tax to pay. (If Box 15 is larger than Box 14 the difference is your refund.)   (Tick one) ◯ Refund ◯ Tax to pay

Please copy the answer to Question 16 to Box 34B of your tax return.

Calculating your tax

Tax on taxable income

You can calculate your tax:

- on our website at "Work it out"
- by using the worksheets provided below
- by calling INFOexpress.

Is your taxable income:	Calculate your tax on taxable income on:
$0.00 to $9,500	below
$9,501 to $14,000	Page 39
$14,001 to $38,000	Page 39
$38,001 to $40,000	Page 40
$40,001 to $60,000	Page 40
$60,001 to $70,000	Page 41
$70,001 or more	Page 41

Use this worksheet if your taxable income is from $0 to $9,500. Your tax rate is 13.75 cents in the dollar.

Copy your taxable income from Box 29 of your return to Box 1.	**1**	$
Multiply Box 1 by 0.1375 (13.75 cents in the dollar). Print your answer in Box 2.	**2**	$

This is the tax on your taxable income. Copy it to Box 2 on page 42 in this guide.

Use this worksheet if your taxable income is from $9,501 to $14,000. Your tax is $1,306.25 plus 16.75 cents for each dollar in this tax bracket.

Copy your taxable income from Box 29 of your return to Box 1.

1 $ ______ : ____

2 $ 9,500 : 00   **4** $ 1,306 : 25

Subtract Box 2 from Box 1. Print the answer in Box 3.

3 $ ______ : 00

Multiply Box 3 by 0.1675 (16.75 cents in the dollar). Print the answer in Box 5.

5 $ ______ : ____

Add Box 4 and Box 5. Print the answer in Box 6. **This is the tax on your taxable income. Copy it to Box 2 on page 42 in this guide.**

6 $ ______ : ____

Use this worksheet if your taxable income is from $14,001 to $38,000. Your tax is $2,060 plus 21 cents for each dollar in this tax bracket.

Copy your taxable income from Box 29 of your return to Box 1.

1 $ ______ : ____

2 $ 14,000 : 00   **4** $ 2,060 : 00

Subtract Box 2 from Box 1. Print the answer in Box 3.

3 $ ______ : 00

Multiply Box 3 by 0.21 (21 cents in the dollar). Print the answer in Box 5.

5 $ ______ : ____

Add Box 4 and Box 5. Print the answer in Box 6. **This is the tax on your taxable income. Copy it to Box 2 on page 42 in this guide.**

6 $ ______ : ____

계좌를 닫고 귀국하는 사람은 세금 환급액을 수표로 받아야하기 때문에 수표에 체크한다.

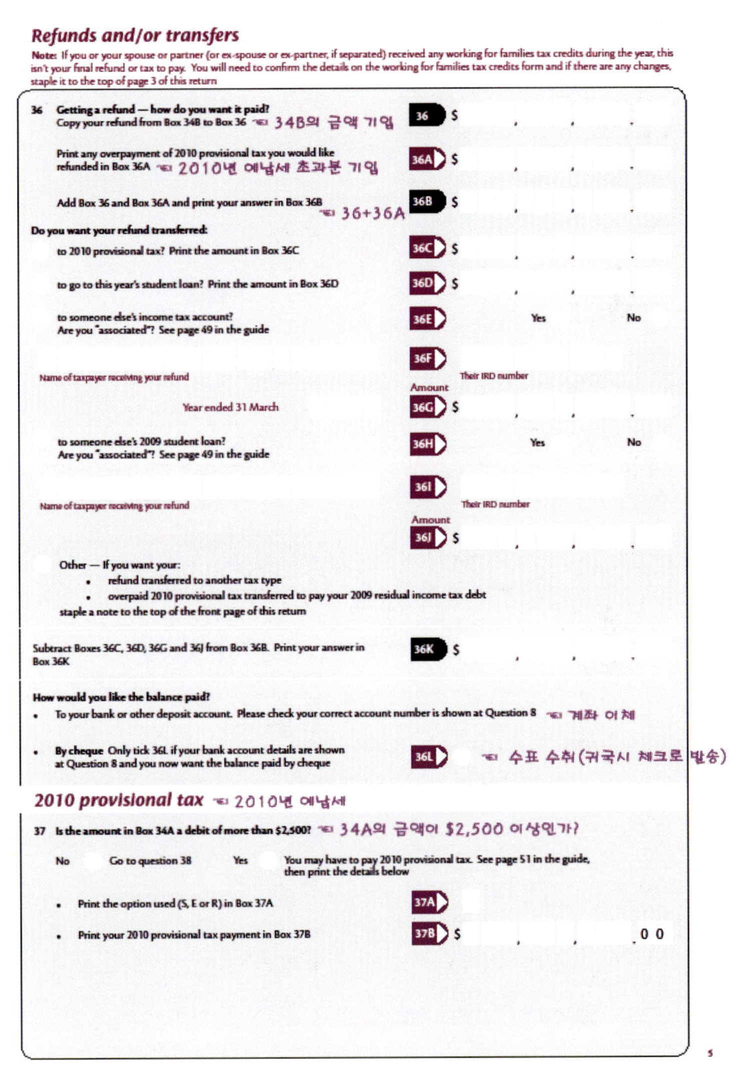

39번에 납세 기간을 체크하고, 납세 신고 이유를 작성한다. 마지막으로 서명을 하고 날짜를 기입한다.

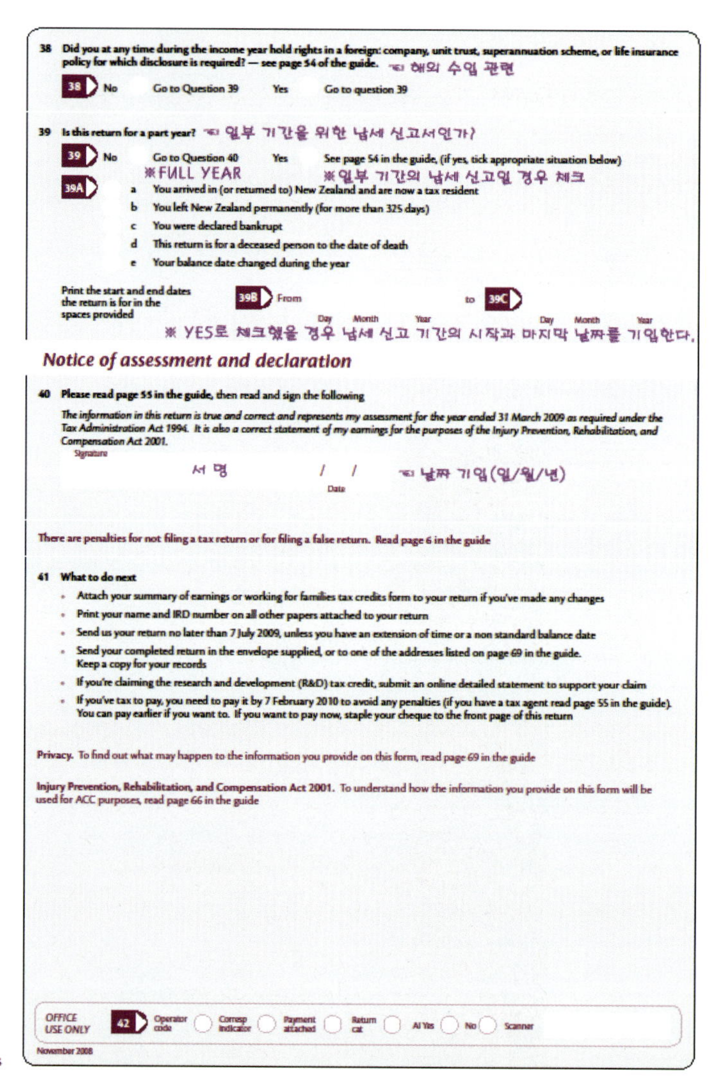

세금 환급 우편으로 접수하기

오클랜드 지역
Inland Revenue
PO Box 1454
Waikato Mail Centre
Hamilton 3240

오클랜드 외 지역
Inland Revenue
PO Box 39090
Wellington Mail Centre
Lower Hutt 5045

남섬 전 지역
Inland Revenue
PO Box 3752
Christchurch Mail Centre
Christchurch 8140

세금 환급 인터넷으로 하기

www.ird.govt.nz 사이트에서 가능 (신청서 내용은 IR3 목록과 같다.)

세액 안내서 Notice of assessment

텍스 환급을 신청하면 세액 안내서 Notice of assessment 가 텍스 환급 신청서에 기재한 주소로 2~4주 안에 온다. 텍스 환급액을 은행 계좌로 신청한 사람들은 뉴질랜드 현지 계좌로 입금이 되며, 수표로 신청한 사람은 수표가 동봉된 우편이 기재된 주소로 발송된다.

Inland Revenue
Te Tari Taake

Notice of assessment
INCOME TAX

For enquiries, please contact:　　YEAR ENDED　31 MAR 2007

Inland Revenue
Private Bag　TAKAPUNA AUCKLAND
Telephone　0800 227 774

R RUSSELL
Commissioner of Inland Revenue

IRD number

Date issued　31 JUL 2007

1241

SUMMARY	As Assessed $	As Reassessed $
Taxable Income	0.00	10,861.00
Tax on Taxable Income	0.00	2,117.89
Total Rebates	84,040,404,040.40	71.33CR
Excess Imputation Credits B/F	0.00	0.00
Other Tax Credits	0.00	2,279.57CR
Reason(s) for Change(s)		
Allowable Imputation Credits	0.00	0.00
Total credits changed		
Excess Imputation Credits C/F	0.00	0.00
Total credits changed		
Under $38000 Rebate	0.00	71.33
Rebate Calculation Changed		
Total Rebates	84,040,404,040.40	71.33CR
Rebate Calculation Changed		
Residual Income Tax	0.00	233.01CR
As Calculated by Inland Revenue		
Tax to Refund as Assessed		233.01CR
Refund for the year ended　31 MAR 2007		233.01CR

REFUND HAS BEEN DIRECT CREDITED TO YOUR BANK ACCOUNT AS PER DETAILS SHOWN

Refund details

REFERENCE NUMBER　0000000 010482 00056057 0030
AMOUNT　　　　　$233.01

10
Tips

01 뉴질랜드 국가 번호와 각 도시별 지역번호

02 ACC 〈사고보상 공사〉란?

ACC가 하는 일은 상해의 발생을 예방하고, 상해를 입은 사람들을 돕는 것이다. 뉴질랜드에 있는 모든 사람은 나이와 직업에 상관없이 ACC로부터 도움을 받을 수 있다. ACC는 집, 직장, 도로 혹은 운동을 하던 중에 일어난 대부분의 상해를 돕고, 상해에 대한 치료비용을 지불해 준다. 그러나 상해를 당한 사람이 청구를 해야만 도움을 주기 때문에 의사의 진찰을 받는 것이 중요하다. 상해를 당했을 때 가능한 빨리 의료진을 만나서 치료를 받아야하며, 의사는 환자를 대신해서 ACC에 청구하게 된다. 청구가 수락되면 ACC에서는 청구 번호가 기재되어 있는 편지를 보내준다. ACC의 도움은 각자가 입은 상해의 종류와 개인의 상황에 따라 달라질 수 있기 때문에 자세한 사항은 ACC에 문의하여 상담하도록 하자.

ACC 홈페이지 : www.acc.co.nz

문의전화 : 0800 101 996 (한국어 통역 서비스 제공)

생활 관련

Payslip : 급여명세서
Prepaid Card : 선불 카드
Salary(Wage) : 급료, 봉급
ACC(Accident Compensation Corporation) : 사고 보상 공사

은행 관련

Bank Account : 은행 계좌
Pin Number : 비밀번호
Balance : 잔액
Bank Statement : 은행 계좌 통지서
Cheque Account : 당좌 계좌
Saving Account : 저축 계좌
Term Deposit : 정기 예금

세금 관련

Eatnings not liable for ACC : 산재보험료 미해당 수입
Gross Income : 세전 수입
Income Tax : 종합소득세
PAYE (Pay As You Earn) : 근로소득세
PAYE Deduction : 근로소득세 공제액

숙소 관련

Backpacker : 배낭 여행자들이 묵는 저렴한 숙소
Holiday Park : 텐트, 캐빈, 캐러반 등의 숙소가 있는 곳
Flat : 아파트와 같이 여러 방이 있는 집
Cabin : 최소한의 가구가 구비되어 있는 작은 숙소
Caravan : 숙소로 꾸민 이동식 트레일러

농장 관련

Seasonal Worker : 계절 노동자
High Season : 성수기
Low Season : 비수기
Horticulture : 원예업
Agriculture : 농업

Viticulture : 포도 재배업

Seeding : 씨뿌리기

Planting : 심기

Weeding : 잡초제거

Organic Orchard : 유기농 과수원

Packhouse : 수확한 과일을 선별해서 포장하는 공장

Stone Fruit : 복숭아, 살구, 자두 등 굳은 씨가 있는 열매

Pip Fruit : 사과, 배, 만다린 등 씨가 있는 열매

Raincoat : 비옷

Gum boot : 고무장화

Glass House : 온실

Sunscreen Lotion : 자외선 차단제

Smoko : 담배 한 대 피우는 시간. 쉬는 시간

포도 농장 관련 용어

Vine : 포도나무

Harvesting : 수확하기

Pruning : 가지치기

Stripping : 떼어내기

Trimming : 다듬기

Wrapping : 묶기

Leaf Plucking : 잎 떼어내기

Crop Thinning : 열매 솎아내기

Wire Lifting : 와이어(철사) 올리기

Top Cutting : 높이 일정하게 자르기

Bud Rubbing : 싹 비벼 없애기

Shoot Thinning : 순 솎아내기

Bird Net Installation : 그물망 설치하기

딸기 | Strawberry

꼭지 위의 줄기부분을 엄지와 집게손가락으로 잡고 약하게 돌리듯 잡아당긴다. 줄기가 끊어지면 손바닥으로 잡아서 작은 상자에 넣는다. 피킹을 할 때 발과 무릎으로 인해 딸기와 잎이 상하지 않도록 조심한다. 완전한 빨간 색을 띠는 딸기를 피킹하고, 잎 아래에 숨겨져 있는 딸기를 놓치지 않도록 한다. 보통 딸기는 이른 아침, 시원한 날씨 그리고 구름낀 날에 피킹을 하는 것이 좋다. 날씨가 더우면 부드러워져서 쉽게 멍들게 된다. 피킹한 딸기는 서늘한 곳에 보관한다.

사과 Apple

사과는 가장 피킹하기 쉬운 과일 중 하나이다. 사과는 종류에 따라 피킹하는 사과의 색이 다르지만 보통 80% 이상 빨간색을 띠고, 멍들지 않은 사과를 골라서 피킹한다. 사과를 한손으로 잡고 손목을 살짝 꺾으면서 피킹한다. 피킹한 사과는 다른 사과에 부딪쳐 상처가 나지 않게 아주 조심스럽게 바구니에 넣는다. 사과나무가 높아서 사다리를 이용해 사과를 피킹하기 때문에 안전사고에 주의해야 한다.

배 Pear

배는 나무에서 익으면 쉽게 썩고, 새나 벌레가 먹기 때문에 많은 양을 피킹하기 힘들다. 그래서 피킹은 배가 익기 전에 한다. 익지 않은 배는 녹색으로 서늘하고, 건조한 곳에 보관한다. 배는 손으로 잡고 돌리면서 피킹하면 되고, 꼭지가 가지에서 쉽게 떨어지는 것을 피킹한다. 손으로 잡았을 때 돌처럼 딱딱한 것은 피킹하지 않는다. 배나무 또한 크기 때문에 사다리를 사용한다. 사다리를 사용해서 피킹하는 과일은 항상 안전사고에 주의해야 한다.

블랙베리 Blackberry

블랙베리는 가시가 있는 것과 없는 것 이렇게 두 가지 종류가 있다. 가시가 없는 블랙베리는 바로 피킹하면 되지만 가시가 있는 것은 가시를 피해서 조심스럽게 피킹해야 한다. 잘 익은 블랙베리는 진한 검은색을 띠고 속이 가득 차 있다. 만약 색깔

이 빨갛거나 보라색을 띤다면 덜 익은 것이다. 블랙베리는 손가락으로 가볍게 잡아 당기면서 피킹한다.

블루베리 Blueberry

블루베리는 가장 쉽게 피킹해서 먹을 수 있는 과일 중 하나이다. 블루베리는 껍질을 깎거나 자를 필요 없이 바로 먹을 수 있다. 속이 꽉 차고 옅은 회색에 푸른색을 띠는 블루베리가 잘 익은 것이다. 빨간색의 블루베리는 아직 완전히 익지 않은 것이며, 하얀색과 녹색을 띠는 블루베리는 피킹을 해도 익지 않기 때문에 주의해야 한다. 보라색이나 빨간색을 띠는 블루베리는 피킹하고 시간이 지나면 익기 때문에 미리 수확해서 보관하기도 한다. 손가락으로 잡아 당겨서 피킹하는 방법과 잘 익은 블루베리가 열린 가지를 잡고 손가락을 사용해서 아래로 문지르듯이 피킹하는 방법이 있다.

복숭아 Peach

복숭아는 어떤 과일보다도 표면이 부드럽기 때문에 멍들지 않도록 주의해서 피킹하는 것이 중요하다. 손가락의 끝보다는 부드러운 안쪽을 사용해 복숭아를 잘 잡고, 가지에서 떼어지도록 당기면서 피킹한다. 피킹한 복숭아는 상처가 나지 않도록 바구니에 아주 조심스럽게 담는다.

라즈베리 Raspberry

라즈베리는 완전한 붉은 빛을 띠며, 속이 가득 차고 단단한 것을 피킹한다. 익지 않은 라즈베리는 피킹해도 익지 않기 때문에 주의한다. 손가락을 사용해 가볍게 라즈베리를 잡고 돌리면서 피킹한다. 잎 아래에 숨겨진 라즈베리 또한 놓치지 않도록 하자. 라즈베리 나무는 가시가 없지만 표면이 거칠기 때문에 피부에 닿지 않도록 주의하자.

아스파라거스 Asparagus

아스파라거스는 백합과의 다년초로 어린 줄기를 연화시켜서 식용으로 한다. 줄기는 칼로 자르거나 꺾어서 피킹하며 약 12~20cm를 자른다. 칼로 자를 때 다른 줄기가 상하지 않도록 조심해야 하며, 꺾어서 피킹할 때는 땅으로 향하도록 아래로 구부리면서 꺾는다. 피킹한 아스파라거스는 쉽게 변질되기 때문에 가공하거나 냉동하여 보관한다.

만다린 Mandarin

감귤류의 만다린은 껍질이 얇고, 당도가 매우 높은 과일이다. 만다린 피킹은 클리퍼^{Clipper}라는 작은 가위를 사용한다. 만다린 꼭지가 남지 않도록 가위로 짧게 잘라서 캥거루 백에 담는다. 꼭지가 남으면 다른 만다린의 표면에 상처를 입히기 쉽다. 보통 80% 이상이 주황색인 열매를 피킹하며, 가위로 만다린 표면에 상처를 내지 않도록 주의한다.

애호박 Zucchini

한국에서 흔히 말하는 애호박을 즈키니^{Zucchini} 또는 콜젯^{Courgette}이라고 부른다. 즈키니 줄기는 안이 비어있기 때문에 쉽게 부러지고, 잎은 날카롭기 때문에 피킹할 때 다치지 않도록 주의해야 한다. 약 15~20cm 크기의 즈키니를 골라서 피킹하고, 줄기를 2~3cm 정도 남기고 자른다. 즈키니를 자를 때 작은 칼을 사용하기 때문에 표면에 상처를 내지 않도록 주의하자.

키위 Kiwi Fruit

뉴질랜드의 대표적인 과일인 키위는 완전히 익지 않은 열매를 피킹한다. 키위는 익으면 부드러워져서 멍들기 쉽기 때문이다. 또한 물이 닿으면 쉽게 썩기 때문에 비가 오면 피킹을 하지 않는다. 넝쿨 사이에 매달려 있는 키위를 손으로 따서 메고 있는 키위 백에 담는다. 키위는 표면에 털이 있어 먼지가 많이 나기 때문에 앨러지^{Allergy}가 있는 사람은 주의해야 한다.

11
농장
체험기

NZ, the chair of my heart

2007년 4월 ~ 2008년 1월 이정애(여, 31)

꿈이란건 참 이상한거야.
단 한번이라도 좋으니 꼭 그렇게 되어보고 싶거든…
그것때문에 인생이 일그러지고 깨질께 뻔하더라고 말야..
힘들고 재미없는 때에는 그 꿈을 생각하면 조금 위안을 얻어..
이루어지건 안 이루어지건 꿈이 있다는건 쉬어갈 의자를 하나 갖고 있는 일 같아..

-은희경, 내가 살았던 집-

 뉴질랜드에 가는 것, 그것은 나에게 항상 '쉬어갈 의자'가 되어 주었다. 어느 날 난 그 의자에 앉고 싶었다. 나의 몸과 마음에 휴식을 주고 싶었던 것이다. '공부'라는 거창한 이름으로 포장된 나의 뉴질랜드 행의 목적은 사실 공부가 아니었다. 원하지 않는 방향, 가면 안되는 방향으로 자꾸만 흘러가는 나의 맘을 잡고 싶었고, 그러기 위해선 어디론가 떠나고 싶었다. 그곳이 '뉴질랜드'였고, 난 편하게 그 곳에 앉아보고 싶었다. 9개월이 지난 지금, 난 이제 여기 생활을 뒤돌아보게 된다. 마냥 즐겁진 않았다. 하지만 여기 오기 전처럼 마냥 슬프지도 않았다. 한 곳에 치우쳐 울고 웃는 내가 아니라, 기쁠 때는 웃을 수 있고 슬플 때는 울 수도 있는, 그런 내가 되어 있는 것이다. 많은 친구들 덕분이다. 농장에서 만난 좋은 사람들… 나의 웃는 모습도 눈물 흘리는 모습도 보여줄 수 있을 만큼 내 가슴에 깊이 들어온 친구들… 농장에서 일하면서 좋은 사람들과 일하면서 돈도 모을 수 있었고, 그리고 공부도 할 수 있었다. '뉴질랜드'가 내 맘속의 의자였다면, '농장에서의 생활'은 거기에 편하게 앉을 수 있도록 도와준 나의 수호천사인 것이다. '주문'을 이루어주는 '요술램프'처럼..

 여러 곳을 돌아다니며 여러 종류의 일을 해 보았는데, 각 지역별로 나누어 그 곳에서의 이야기를 적어보고자 한다. 나와 같은 꿈을 가진 사람들에게 나의 글이 '요술램프'가 되길 바라며…

Tauranga - My first step in NZ

뉴질랜드에 도착해서 내리 5일을 오클랜드에서 보낸 나에게, 타우랑가로 향하는 길은 설렘, 그 자체였다. 앞으로 펼쳐질 농장생활(아니, 팩하우스니까 공장 생활 ^^)에 대한 호기심이 나를 자극시켰다. 홀리데이 파크^{Holiday Park}에 도착해서 배정받은 캐러반^{Caravan}에 짐을 풀고 있는데 타이완 친구들이 인사를 했다. 그들은 내가 도착하기 일주일 전쯤 와서 먼저 일을 시작한 친구들이었다. 내가 도착하기 전 홀리데이 파크에는 95%의 타이완사람들과 5%의 말레이시아 사람들로 이루어져 있었기 때문에 그들은 한국인인 나에게 많은 관심을 보였고 호의적이었다.

짐을 풀고 주방에 들어갔을 때도 한국의 음식이나 문화에 많은 관심을 보였는데, 특히 요리를 못하는 내가 한국에서 직접 가지고 간 3kg짜리 고추장(내 짐 21kg 중 3kg가 고추장이었다)을 신기하게 바라보았다. 타이완 애들에게는 '대장금', 말레이시아 친구들에게는 '궁^{princess hour}에 대한 이야기 한번이면 친밀감 100% 형성이었다. 게다가 살짝 '오나라' 와 '사랑인가요' 등 OST 한번 불러주면 게임 끝이다. 처음 일주일 동안은 키위 팩하우스^{Packhouse}의 시즌 초기^{Beginning Season}였기 때문에 3~4일 정도 오전 근무만 했다. 워밍업 기간이라 생각하니 오히려 맘이 편했다. 여자들은 주로, 키위의 상태에 따라 상. 중. 하 급으로 구분하는 그레이딩^{Grading}과, 그레이딩이 끝난 키위를 박스에 넣는 패킹^{Packing}을 했다. 남자들은 포장하기 전 박스에 비닐을 넣는 일과 패킹이 끝난 박스를 옮기는 일을 했다.

난 지루하기론 대적할게 없다는 그레이딩을 했고, 지나온 내 인생을 반추해보고 앞으로의 인생을 케이스 바이 케이스로 그려보아도 고작 10분정도 지나있을 땐 너무 허탈했다. 몇몇 친구들은 한 포지션만 하는 게 지루하다고 포지션을 번갈아 가면 일하기도 했는데 나는 계속 그레이딩만 했다. 일단은 움직이는게 귀찮았고(난 귀찮은 일은 딱 질색인거다!), 그레이딩을 같이하는 친구들과 많이 친해졌고 그레이딩을 감독하는 슈퍼바이저들이 좋았다. 일하는 동안은 전혀 앉을 수 없기 때문에 다리도 많이 아프고, 빠르게 굴러가는 키위를 계속 보고 있어야 하기 때문에 눈도 많이 피로했지만, 그 정신없는 와중에도 친구들과 끊임없이 수다를 떨었다. 영어로 하는 수다라 온전히 서로에게 전해지지 않는 이야기도 있었지만 오늘 저녁 메뉴부터 서로의 이상형이 어떤지 별별 이야기를 다 했다. 일을 끝내고 돌아오면 샤워를 하고 저녁을 먹으러 주방으로 가는데, 대부분 자기 전까지 주방에서 이야기를 하다 들어가기 때문에 친구들과 어울려 지낼 수 있는 좋은 시간이 된다. 내가 특히 홀리데이 파크에서 좋아하던 장소가 있었는데, 바로 그네이다. 원래 그네 타는 걸 좋아하기도 했지만 저녁에 산책 겸 나와서 앉아 있으면 공기도 좋았고 내 기분도 좋아졌다. 그네는 주방과 샤워실로 향하는 입구와 세탁실 근처에 있었기 때문에, 그 곳을 드나들던 많은 사람들이 인사를 건넸고 간단한 인사가 긴 수다로 이어지는 과정을 거쳐 많은 친구를 사귈 수 있었다.

친구들... 타우랑가의 생활이 나에게 준 가장 큰 선물은 바로 '친구들'이다. 건들건들한 태도에 바람둥이처럼 생겼는데 알고 보니 어린 나이에 회계사 자격증을 따놓았던 케빈(Kevin), 타이완 친구들 중 가장 연장자라 대접받고 지내는 것 같던 타칭 도련님, 엔지니어 칼(Kal), 대장금을 보며 눈물을 흘렸다며 '오나라'를 나지막하게 부르던 순수청년 피터(Peter), 나를

'루나(누나)'라고 부르며 동생을 자처하던 착하고 성실한 리오(Rio), 진지한 이야기까지 나누며 미래를 함께 고민했던 똑 부러지는 조이스(Joice), 끊임없는 수다로 나를 즐겁게 해주던 켈리(Kelly)와 조이(Joy), 1월에 다시 돌아온다며 나에게 마지막 만찬인 라면을 끓여주고 말레이시아로 떠난 조빌라(Jobila), 한때 나의 왕자님이었던 말레이시아 나이젤(Nigel), 타우랑가를 떠나서도 연락을 주고 받을 만큼(TXT 2000의 힘!) 정 들었던 친구들이다. 일이 끝나고 이들 중 몇 명과는 나중에 만다린 피킹을 하면서 다시 만나기도 했는데, 고국으로 돌아간 친구들을 제외하면 거의 남섬으로 떠났다. 토마토를 따고 있는 친구들(조이스, 켈리, 조이)도 있었고 전기회사에서 시간제로 일하고 있는 친구(리오)도 있으며 공부하는 친구(칼)도 있다. 모두들 보고싶다.

드디어 바쁜 키위 시즌이 되었다. 야근이 반복되고 홀리데이에도 일을 해야 할 만큼 정신 없이 바쁘고 많이 힘들었지만 힘든 만큼 금전적인 보상이 주어졌고 친구들이 있었기에 견뎌낼 수 있었다. 팩하우스에서 일하는 가장 큰 장점은 시간제가 주는 안정적인 페이다. 나도 이곳에서 4주 동안 착실히 돈을 모았기 때문에 나중에 만다린 픽킹을 할 때 조바심을 내지 않을 수 있었던 것 같다.

그러던 어느 날 좋은 친구들과 안정적인 급여에도 불구하고, 환경에 변화를 주고 싶다는 생각을 하게 되었다. 공부를 시작하기 전까지만 농장 일을 하겠다는 생각이었기 때문에, 그 전에 다양한 경험을 하고 싶었던 것이다. 결국, 만다린 피킹을 위해 케리케리로 올라가는 Sam 일행과의 합류를 결심하면서 나의 타우랑가 생활은 막을 내렸다.

Kerikeri - As good as it gets

케리케리로 가기 위해 먼저 오클랜드로 갔다. 인터넷 카페에서 알게 되어 농장에 같이 가기로 한 Sam일행을 만나기로 한 것이다. 늦은 시간에도 불구하고 나를 픽업^{Pickup}하기 위해 나왔던 친절한 Sam은 제멋대로 굴러가는 나의 이민자 가방에 안색이 점점 굳어져갔다. 오죽하면 초면에 그가 나에게 "이거 버리시고 웨어 하우스^{Warehouse}에서 하나 사세요. 그리고 이건 제 손으로 직접 버리고 싶어요." 라고 말했을까. 백팩커에 도착한 나는 다른 일행인 관수, 유타카(일본인), 행기와 인사를 나누었다. 행기는 우프를 위해 오클랜드에 머물기로 한 덕분에 내가 Sam의 차를 탈 수 있었다. 결국 며칠 후 소기의 목적을 이루지 못한 행기는 혼자 인터시티^{Intercity}를 버스를 타고 케리케리에 왔다.

케리케리로 가는 길은 꽤 멀었다. 뒷좌석에서 관수와 유타카는 계속 잠을 자고 아직 어색한 나는 Sam과 별다른 말도 없이 조수석에 앉아있었다. 사실 나도 자고 싶었는데, 눈치가 보여서 못잤다. ^^; 거의 5시간 동안의 여정을 거쳐, 저녁 무렵 케리케리의 숙소 호네헤케^{Honeheke}에 도착했다. 당장 다음날부터 일을 해야 하기 때문에 우리는 장화와 우비 등 필요한 물품들을 구입하러 웨어 하우스에 갔다. 내 발이 작은건 아닌데 사이즈를 찾을 수 없어 결국 아동용을 구입했다. 분홍색 바탕에 노란색, 흰색 등의 땡땡이 무늬가 있었다. 그래도 스파이더맨이 그려져 있는 것 보다는 낫겠다 싶어서 그냥 샀다. 그리고 왠지 스파이더맨 장화를 사면 애들이 나랑 안다닐지도 모른다는 불안함도 없지 않아 있었다.

다음날 나 혼자 카피로 만다린 농장으로 안가고 차를 잘못타서 혼자 다른 농장으로 간 것 이외에는 일은 순조롭게 시작되었다. 물론 피킹 초반이라 만다린이 많지도 않았고, 컬러 픽 킹을 해야 했기 때문에 당장은 돈이 되지 않았지만, 처음 해보는 아웃도어 일이 재미있기도 했고 새로운 경험이란 생각에 신나기까지 했다. 호네헤케 백팩커의 환경에 익숙해지는 것이 처음엔 어색했다. 아시안 친구들로 가득했던 타우랑가와는 달리 여긴 우리 일행이 첫 아시 아인이었으며, 게다가 여자는 나 혼자였다. 하지만 곧 이런 어색함은 사라졌다. 일단 며칠 후 부터 혜정이를 비롯하여 (큰)지혜가 들어왔고 그 다음엔 타우랑가에서 만났던 겸둥이 (작은) 지혜까지 입성했기 때문이다. 게다가 숙소 주인아주머니들도 모두 친절했고, 남미 친구들이 많아서인지 항상 라틴 음악이 흘러나오는 식당은 펍 ^{Pub}에 온 것 같은 착각을 들게 했다. 가 끔 우리들은 테이블에는 기본 안주가 있어야 하고, 지나가는 아무나에게 주문을 해야 할 것 같은 충동에 사로잡히기까지 했다.

　서서히 만다린이 탐스럽게 익어가고 주렁주렁 열렸을 땐, 모든 만다린이 돈으로 보였다. 그 러나 성실함은 누구에게도 지지 않았지만 스킬에 능숙하지 못한 나는 피킹을 그리 잘하지 못 했다. 하지만 운 좋게도 빈 당 가격이 매우 높아서 한 빈 반 정도만 꾸준히 따도 어느 정도 세 이브^{Save}를 할 수 있었기 때문에 나는 만족했다. Sam을 비롯한 남자 워커들은 3빈에서 4빈은 거뜬히 땄기 때문에 더욱더 열심히 했다. 난 그들을 약간 부러워하고, 아니 많이 부러웠다. 그러나 내가 여자라서 잘 못한 건 아니다. 큰 지혜, 작은 지혜도 맘만 먹으면 하루에 두 빈 정 도는 거뜬히 땄으니까! 그런데 몸과 마음이 따라주지 않았다. 일은 생각보다 어렵지 않았고, 날씨도 그리 나쁘지 않아 그 때 케리케리에서 만다린을 딴 사람들은 아마 많이 세이브 할 수 있었을 것이다. 돈도 돈이지만 그 땐 참 재미있게 일한 것 같다. 농장에서도 워커들끼리 장난 도 치고 서로 이야기도 하면서 일했고, 자기 빈 다 채우고 시간이 남았을 때 다른 사람들 것도 도와주는 친절한 워커들도 있었으니 참으로 정이 넘쳐나는 시간이었다고나 할까? 가끔 사 다리를 타다 떨어지고 나무에 올라가는 내 모습이 우스워 혼자 킥킥대고 웃을때도 있었다. 숙소에서의 생활도 재미있었다. 독일, 체코, 벨기에, 네덜란드 등등 여러 나라의 친구들을 만 날 수 있는 기회가 있었고, 항상 펼쳐지는 탁구와 포켓볼 게임을 항상 구경할 수 있었다. 축 구공 하나만 던져주면 혼자 잘 노는 유타카는 항상 마당에서 어설프지만 열심히 축구를 하고 있었고, 샤방샤방 외모의 소유자 토모는 존재만으로 누님들을 흐뭇하게 했다. 또한 타운이 가까이에 있어 자유로이 왕래할 수 있다는 것은 타우랑가에서 살았던 나로서는 엄청난 수혜 였다. 쉬는 날엔 친구들의 차를 타고 케이프렝아 같은 큰 맘 먹어야 갈 수 있는 곳도 다니고, 정말 재미있는 날 들이었다. 그렇게 재미있는 날을 보내고 있을 때, 곧 워크워쓰^{Warkworth}에서 도 만다린 피킹이 시작된다는 소식이 들렸다. 타우랑가에서부터 케리케리에서까지 쉬지 않 고 일했던 나는 조금 쉬고 싶다는 생각을 하였고, 결국 워크워쓰로 가는 SAM, 행기와 함께 아쉬운 맘을 뒤로 하고 케리케리를 떠나게 되었다.

Warkworth- Brilliant days

　나와 일행(Sam, 행기)이 워크워쓰에 왔을때는 아직 본격적인 시즌이 시작되기 전이었다.

만다린이 익기 전이라서 컬러 피킹, 즉 잘 익은 것만 골라서 따야 했다. 그래서 아직은 돈이 되지 않았고, 워커들도 많진 않았다. 한마디로 워밍업 기간이었다. 하지만, 우리들은 바로 일을 시작하러 온 것도 아니고 일주일 정도 쉬고 일을 시작하려 했기 때문에 일이 없어도 마음은 편했다. 어치피 시간이 좀 지나면 만다린이 주렁주렁 열리는 본격적인 시즌이 시작 될테니까! 이미 케리케리에서 만다린 피킹 경험을 해봤기 때문에 여유롭게 기다릴 수 있었다. 워크워쓰에 도착하여 제일 마음에 들었던 것은 숙소 즉, 홀리데이파크였다. 바로 바다(밀물, 썰물이 바로 눈에 보이는)와 접해있는 멋진 장소였다. 비록 겨울이라 그리 많이 바다를 즐기진 못했지만 바다가 옆에 있다는 사실 만으로도 가슴이 설레였다. 그리고 지금까지 지내온 숙소와는 달리 캐러밴 생활을 했기 때문에 나에게는 새로운 경험이 되었다.

한 주 정도 지나 본격적인 시즌이 시작되었다. 이미 케리케리에서 만다린 피킹을 해봤지만 그래도 좀 다르긴 했다. 커다란 빈을 사용했던 케리케리와는 달리 네모난 상자^{Crate}를 이용했기 때문에 빠르게 채워져서 지루함이 덜하고 기분도 좋아졌다. 단점은 땅이 울퉁불퉁해서 카트(손수레)를 밀고 다니기가 힘들었다. 비록 만다린 피킹을 잘하진 못했지만 주황빛 만다린이 주렁주렁 열린 나무들이 끝없이 펼쳐진 농장을 보면 기분이 좋았다. 만다린 피킹을 하면서 나를 비롯한 워커들을 가장 힘들게 했던 것은 '날씨'였다. 물론 겨울이었기 때문에 추운 것은 당연하겠지만 그해 겨울은 예년보다 훨씬 추웠다. 아침에 만다린을 보면 서리가 내려앉아 얼어있었다. 게다가 더 힘들었던 것은 시도 때도 없이 내린 비였다. 맞으면 아플 정도로 세차게 내리는 장대비가 내리기 일쑤였다. 그래도 많은 워커들이 그 악천후 속에서도 끝까지 남아서 열심히 일하는걸 보고 느끼는 것이 많았다. 어떤 농장에서 일을 하든지 좋은 우비와 장화는 꼭 챙겨야 한다.

이렇게 육체적으로 힘들었지만 그곳의 생활을 즐길 수 있었던 것은 같이 일하는 친구들 덕분이었다. 그 곳에 가서 처음 만난 친구들도 많았고, 케리케리에서 함께 만다린 따던 친구들이 많이 내려왔기 때문에 하루하루가 즐거웠다. 또한 타우랑가 키위 팩하우스에서 함께 일했던 대만과 말레이시아 친구들도 찾아와서 너무나 반가웠다. 농장일이 끝나고 헤어질 때는 다시 못 볼 것 같았는데 이렇게 만나서 서로의 안부도 묻고 변한 모습을 확인하면서 웃음꽃을 피웠다. 가장 기억에 남았던 날은 내 생일날이었는데 많은 친구들이 생일 파티를 마련해주어서 타지에서도 외롭지 않은 아니 더욱 뜻 깊은 생일을 보낼 수 있었다. 그러던 어느 날, 상상하기도 힘들 정도로 비바람이 몰아치던 날. 나는 공부를 하겠다는 생각으로 갑자기 오클랜드행 버스에 몸을 실었다. 그리고 2달 동안 TESOL 공부를 열심히 해서 자격증을 취득했다.

Warkworth- come back again & Epilogue

오클랜드에서의 공부와 남섬 여행을 마친 나는 다시 Warkworth로 돌아왔다. 두어달이 지나있다 보니 왠지 낯설게 느껴지기도 했지만, 남아있던 정든 친구들과 새로운 좋은 친구들을 만나면서 그런 낯설음은 조금씩 사라졌다. 겨울이 지나 봄이 오고 있는 9월말에 Warkworth에 돌아왔는데 그땐 그리 일이 많은 시즌이 아니었다. 며칠 후부터 딸기 피킹이 있을 것이라는 말만 들었을 뿐.

　워낙 많은 사람들로부터 딸기 피킹은 하기 힘드니(특히 여자는) 하지 않는게 좋을 것이라는 말을 많이 듣긴 했지만 선택의 여지가 없었다. 공부하고 남섬 여행하느라 돈을 다 써버린 나는 북섬 여행도 하고 싶었기 때문에 돈을 모아야 했다. 처음엔 우리 컨트렉터 밑에서 나를 비롯한 3명만 딸기 피킹을 했고, 통가에서 온 사람들도 함께 일했다. 딸기가 아직 익기 전이라서 며칠은 시간제로 일했고, 피킹뿐만 아니라 볏짚을 까는 일을 비롯해서 피킹 전에 필요한 일들을 했다. 듣던대로 딸기 피킹은 정말 힘들었다. '밭일이 가장 힘들다'라는 Sam의 말이 맞았던 것이다. 만다린 같은 경우는 서서 피킹하면 되지만 딸기는 몸을 숙여서 하는 일이기 때문에 허리와 다리, 목 등 아프지 않은 곳이 없었다. 시간이 지나 잘 익은 딸기들이 많을 땐 그런 아픔도 조금은 잊을 수 있었지만, 처음엔 굉장히 힘들었고 나중에도 사실 힘들었다. 하지만 같이 피킹을 하던 친구들은 나만큼 힘들어 하지도 않고 돈도 꽤 버는 편이었기 때문에 결국 모든 건 주관적이라고 할 수 있다!

　3주 동안 피킹을 한 나는 건강상의 이유로 딸기 팩 하우스로 자리를 옮겼다. 이미 타우랑가에서 패킹이 얼마나 지루한 일인지 느껴봤기 때문에 별로 거부감도 없었고, 키위 팩하우스보다 좀 더 자유로운 분위기로 일할 수 있어서 나름 재미있었다. 함께 일하는 대만, 일본인 친구들도 모두 재미난 친구들이어서 그리 지루하지 않았다. 숙소 홀리데이 파크에서의 생활은 예전과 마찬가지로 즐거웠다. 만다린 피킹을 할 때는 겨울이어서 바다도 잘 안보고 들어가지도 못했었는데 날씨가 따뜻해진 그 때는 친구들과 조개도 줍고, 산책도 할 수 있어서 정말 재미있었다. 외국인 친구들과도 많이 친해져서 음식도 해먹고 술도 자주 마시고, 게임도 했다. 숙소에서의 생활은 그 때가 가장 재미있고 즐거웠던 것 같다. 하나 둘씩 공부나 여행 혹은 자기 나라로 돌아가기 위해 숙소에서 떠나게 되면 farewell party도 해주고, 재미와 즐거움뿐만 아니라 정이 넘치는 생활이었다.

　6주간의 딸기 패킹을 마치고 오클랜드로 떠나기 전날 밤 친구들이 나를 위해서 파티를 해주었다. 새로운 생활을 위해 떠나는 설렘과 함께 좋은 친구들을 뒤로 하고 떠나야 하는 아쉬움도 컸다. 난 참 운이 좋은 것 같다. 뉴질랜드에 오며 내가 계획했던 모든 일들을 이루고, '그 이상의 것'도 얻었으니 말이다. '그 이상 것'이란 좋은 친구들과 행복한 추억이다. 농장에서 만났던 한 명 한 명의 친구들이 나에겐 너무나 소중하고, 그들과 함께 했던 추억 하나 하나가 너무 사랑스럽다. 거기서 만난 한국인 친구들뿐만 아니라 일본, 대만, 홍콩의 친구들과 아직도 연락을 하며 지내는데, 그들과 함께 같은 추억을 이야기 할 수 있어 행복하다. 앞으로도 많은 사람들이 내가 경험하고 누렸던 것 이상의 많은 것들을 얻었으면 하는 바람을 가져본다.

딸기, 감, 만다린, 사과 이제 그만!

2006년 12월 ~ 2007년 6월 김행기(남, 27)

작년 12월에 뉴질랜드에 도착한 후 인터넷 카페에서 농장 정보를 찾아서 딸기 농장을 찾아갔다. 물론 처음이라 서툴고 잘하지는 못했지만 돈이 없었기 때문에 농장일을 할 수 밖에 없었다. 딸기를 따면서 허리도 아프고 딸기 앞에서 무릎도 많이 꿇었지만 시간이 지나면서 생각보다 힘들지 않았다. 딸기를 따면서 노래도 부르고, 외국 친구들과 경쟁도 하면서 딸기를 땄다. 처음 주급을 받을 때는 $200 정도밖에 되지 않았던 급여가 시간이 지나면서 늘어갔다. 늘어가는 주급에 기분도 좋아지고 일도 보람있었다. 하지만 돈을 모으기는 힘들었다. 이유는 술과 담배! 술과 담배를 하지 않았다면 벌써 목돈을 모았을 것이다. 그 다음으로 한 일이 감나무 가지치기이다. 감나무 가지치기는 아침 일찍 시작했는데 정말 추웠다. 뉴질랜드는 여름인데도 새벽에는 정말 추웠다. 따뜻한 부산에 살다가 추운 곳에서 일을 하려니 적응이 되지 않았다. 감나무 가지치기는 시간제였는데 손가락에 지문이 없어질 정도로 가지를 묶고, 잘랐다. 나와 일본인 친구, 말레이시안 친구 이렇게 3명이 정말 큰 감 농장의 가지치기를 다했다. 감나무 가지치기는 시간제였는데 중간중간 시간이 남을 때는 옆에 있는 만다린 농장에 가서 만다린 솎아내기 일도 함께 했다. 만다린 솎아내기는 생각보다 많은 돈을 벌 수 있었다. 하지만 기간이 짧기 때문에 시기를 잘 맞춰서 가야한다. 보통 12월~1월 사이에 만다린 솎아내기 일이 있고, 보통 2주~3주정도 일이 있다.

2월이 되어 사과 시즌이 시작됐다. 나는 같이 일하던 일행과 함께 사과 피킹으로 유명한 네이피어로 내려갔다. 사과 피킹이 돈이 된다는 소리를 듣고 처음에는 기대가 컸다. 그런데 사과를 피킹할 때는 사과의 색과 크기 그리고 상처가 나지는 않았는지 잘 확인해서 따야하기 때문에 하루에 3빈~4빈 정도 밖에 따지 못했다. 사과를 피킹을 시작한지 한 달이 지날 무렵 드디어 사과 피킹이 몸에 익숙해져 이제는 6빈~7빈 까지도 딸 수 있게 되었다. 한번은 컨티션이 좋아서 하루에 12빈을 따는 기록까지 세웠다. 그러다보니 돈이 저절로 모였고, 여행할 만큼의 충분한 자금을 모을 수 있었다. 나는 사과를 딸 때 항상 지적을 당했다. 80% 이상이 빨간색인 사과를 따야하는데 나는 항상 녹색이 많이 섞여있는 사과를 따서 슈퍼바이저에게 혼나기도 했다. 사과 피킹을 하고 돌아와서 숙소에서는 항상 친구들과 술을 마셨고, 주말이면 영화도 보며 문화생활을 즐겼다. 돈이 생기니 외식도 자주하고 여행도 다니고 몸은 피곤했지만 마음만은 여유로웠다. 시즌이 끝날 무렵 하루하루가 즐거웠다. 앞으로 친구들과 헤어질 생각을 하면 슬펐지만 그만큼 친구들과 더 친해지기 위해서 맛있는 음식을 해서 나눠 먹고, 사과 농장에서 일하면서 사진도 많이 찍었다. 이 모든 것을 추억으로 남기고 싶었다.

　두 달 정도 사과 피킹을 하고나니 만다린 시즌이 되었다. 뉴질랜드에 도착하자마자 쉬지 않고 농장일을 해서 그런지 오클랜드에서 쉬고 싶었다. 오클랜드에 돌아와서 맛있는 커피도 마시고, 잠도 많이 자고, 책도 많이 보면서 여유를 즐겼다. 하지만 농장 생활에 익숙했던 나는 일주일 만에 만다린 피킹을 하기 위해서 케리케리로 떠났다. 만다린 피킹을 하기 위해서는 우비와 장화가 필수이다. 아침에 만다린 잎이 이슬에 젖어있거나 비가 오면 온몸이 젖기 때문에 우비는 꼭 필요하다. 가을 시즌에 하는 만다린 피킹은 날씨와의 싸움이라고 해도 과언이 아닐 정도로 날씨의 영향을 많이 받는 일이다. 비가 많이 내렸고, 바람도 많이 불어서 정말 추웠다. 만다린 피킹을 할 때에도 역시 나는 녹색을 따고 있었다. 슈퍼바이저들이 항상 지적을 했다. 나는 녹색을 정말 좋아하는 것 같다. 어느덧 귤이 모두 주황색으로 변하면서 나의 빈도 오렌지색 만다린으로 가득 채워졌다. 그 때 비로소 슈퍼바이저가 나의 빈 검사를 마치고 "Perfect!" 라고 외쳤다. 3주 정도 열심히 만다린 피킹을 하고 나니 약 2000불 정도를 모을 수 있었다. 물론 나보다 많이 번 사람들도 있었지만 돈보다는 만다린 피킹을 하면서 노래도 부르고 슈퍼바이저들과 농담도 하면서 재밌게 일했기 때문에 만족했다. 사과 피킹할 때처럼 많은 돈을 모으지는 못했지만 작은 숙소에서 친구들과 함께 여러 가지 이야기도 나누고 즐겁게 생활했던 것이 아직도 기억에 남는다.

　이렇게 어느덧 5개월이란 시간 동안 농장일을 하면서 아는 사람이 한명도 없던 뉴질랜드에서 많은 사람들을 만났고 많은 친구들이 생겼다. 나는 뉴질랜드에 와서 돈보다 친구라는 소중한 것을 얻어서 간다. 뉴질랜드에 농장에 오는 모든 사람들이 돈도 좋지만 돈보다 더 큰 무엇인가를 얻어 간다면 그것이 친구든 경험이든 앞으로 한국에 돌아가서 인생을 살아가는 데 큰 힘이 될 것이다.

1년 동안의 뉴질랜드 생활을 되돌아보며

2005년 9월 ~ 2006년 8월 임미선(여, 25)

나의 1년 동안의 뉴질랜드 생활은 간단하게 정리해보면...

10월 ~ 11월 말 : 어학원(퀸스타운) 2개월

11월 말 : 블래넘(Blenheim) 포도밭 와이어 리프팅 한달 반.

12월~1월 중순까지 약간 큰 규모의 농장은 일이 있음.

체리 피킹 원하시면 10월 초에 가는 것이 유리하지만 기간이 짧음.

1월 중순 ~ 2월 초 : 남섬 여행(여름이라 너무너무 좋았어요. ^^)

2월 초 ~ 3월 중순 : 포도 피킹은 한달 정도로 짧고, 몬타나 같이 큰 회사가 좋음.

피킹은 시즌마다 달라서 언제 할지 지켜보는 수밖에 없어요.

남섬 보다는 북섬에 꾸준히 일할 수 있는 일자리가 많음.

3월 말~5월 초 : 북섬 네이피어 사과 패킹 한달 반.

가끔 주말도 일하고 쉬는 공휴일에는 일을 하지 않아도 급여가 나옴.

피킹하는 사람들 많이 벌지만 비오면 일을 못하고, 능력에 따라 버는 금액이

다르기 때문에 장기적으로 보면 패킹과 별차이가 없음.

5월 초~ 5월 중순 : 북섬 중심을 여행.

5월 중순~ 5월 말 : 키위 팩하우스 2주.

돈 모으기에 좋은 곳. 하루에 14시간씩 있고(선택가능), 주말에도 일함.

장보러 나갈 시간이 없을 정도이기 때문에 돈 모으기 쉬움.

보통 2달 일 할 사람을 뽑기 때문에 주의해야 함.

6월 ~ 7월 : 포도 관련 일

8월 초~8월 말 : 마지막으로 여행하지 못한 남북섬 몇군데 여행.

개인적인 생각

1. 키위 패킹을 좀 더 길게 한다.

2. 농장일(밖에서 하는 일)을 원하면 키위를 6월 중순까지 하고 6월 중순에 만다린 피킹

또는 다시 남섬에 내려가야 할 일이 생긴다면 7월초까지 키위를 하고 블래넘으로 간다.

키위 팩하우스를 끝내고 5월 말에 다시 남섬으로 내려왔다. 포도 프루닝이 돈이 많이 된다고 해서 무작정 떠났다. 그런데 이런 소문 때문인지 일자리는 없었고, 나쁘지는 않았지만 조건이 좋지 않은 농장에서 힘들게 돈을 벌었다. 포도 프루닝이 돈이 되는 것은 사실이지만 어디까지나 능력에 따라 달려있다. 프루닝은 8월말까지 일자리가 있으며, 5월 말에 가는 것보다 6월 말~7월 초에 가는 것이 좋다. 블래넘 플루닝을 하고 돈을 벌어서 떠나는 사람도 있지만 힘들어서 떠나는 사람들도 많다.

블래넘Blenheim 정복기

Ksida(남, 30)

　블래넘에서 회사를 찾는 것은 어렵지 않기 때문에 반드시 컨트렉터와 연락해야 되는 것은 아니다. 백팩커에 가서 이미 일을 하고있는 워커들에게 어느 회사가 좋은지 물어보고, 좋은 회사를 추천 받으면 그 회사의 매니저 연락처를 받아서 문의를 하면 일자리를 구할 수 있다. 직접 시티를 돌아다니면서 회사를 찾아다니는 방법도 있고, 차가 있으면 일자리를 구하기 더 편하다. 주위 사람들이 잘 모르고 알려지지 않은 회사는 돈을 떼어먹고, 세금을 내지 않을 수 있기 때문에 항상 주의해야 한다. 신고해도 절차가 복잡하기 때문에 쉽게 돈을 받지 못 할 수도 있다. 페이 슬립을 주지 않거나 홀리데이 페이가 없는 곳, 임금이 다른 회사보다 적다면 미련 없이 그만두고 다른 회사나 컨트렉터를 찾는 것이 좋다. 몬타나 Montana, 바인파워 Vinepower, 프로바인 Provine 등등 이름이 알려진 큰 회사에서 일하는 것이 안전하다. 중간 규모의 회사로는 피닉스 Phoenix 컨트라 Contra, 키위 벙크 하우스 Kiwi Bunk House 등이 있다. 텔리스 Talleys 라는 홍합, 옥수수 팩하우스 일도 있지만 실내에서 일하기 때문에 여자들이 많이 일한다. 이밖에도 블래넘에는 수많은 회사와 컨트렉터가 있기 때문에 서두르지 말고 여유를 가지고 일자리를 알아봐야 한다. 보통 현지인들이 하는 회사가 정직하고 여러 가지 좋은 점들이 많은 편이다. 농장일을 하는데 영어는 필수가 아니다. 농장일을 하는 방법은 슈퍼바이저가 몸으로 직접 보여주며, 말로 쉽게 설명해 준다. 물론 슈퍼바이저의 지시를 잘못 이해해서 오해를 할 수도 있기 때문에 기본적인 영어 회화는 준비해서 오는 것이 좋다. 농장주나 슈퍼바이저가 영어를 잘 알아듣는 유럽에서 온 워커들보다 동양인들에게 더 지적하는 것은 당연하기 때문에 당황하지 말고 일하는 방법을 확실히 알 때까지 물어보자.

　교통편은 두 가지 정도가 있다. 회사에서 벤 Van 으로 백팩커에서 픽업해서 데려다주는 것과, 아침에 시티에 있는 대형 슈퍼마켓 또는 I-site 주차장에 모이면 자신의 회사 벤들이 있어서 그 벤에 타면 된다. 교통비가 무료인 회사나 컨트렉터가 있지만 하루에 왕복 교통비 $4~$5을 받는 곳도 있다. 농장까지 가는 시간은 대략 20분~30분 정도가 소요되고, 만약 차가 있다면 숙소에서 바로 농장으로 출퇴근할 수 있다. 일하는 시간은 농장마다 다르지만 보통 아침 7시쯤에 시작해서 오후 4시쯤에 일이 끝난다.

　　포도 프루닝을 하기 전에 프루닝을 하면 많은 돈을 벌 수 있다고 생각하고 오는 워커들이 대부분이다. 하지만 그런 워커들은 전체 워커들 중에 소수이며, 대부분 프루닝 경력이 있는 사람들이 그렇게 벌기 때문에 돈 보다는 경험을 한다고 생각하고 농장일을 시작하는 것이 좋다. 여자들 같은 경우는 프루닝이 힘들기 때문에 시간제로 일을 많이 하는데 세금을 제외하고 시간당 급여는 약 $12~$13 정도 된다. 능력제로 일하게 되면 쉬는 시간이 따로 없는데 이것을 이용해서 일하지 않고 게으름 피운다면 바로 해고될 수 있으니 주의해야 한다. 숙소 같은 경우에는 대부분 시설이 비슷하다. 성수기 시즌에는 숙소에 자리가 없기 때문에 반드시 미리 예약을 하고 블래넘으로 이동해야 한다. 일은 주로 혼자하기 때문에 음악이나 라디오를 들으면서 하지 않으면 정말 지루할 수도 있다. 시간제로 하는 여자들은 둘이 짝을 지어 일하기도 하는데 어느 한쪽이 게으름을 피우면 같이하는 사람이 손해를 볼 수도 있다. 짝을 이뤄서 하는 농장일은 어떤 기술 보다도 팀웍^{Teamwork}이 중요한 일이다. 일을 하게 되면 쉽게 더러워 질 수 있기 때문에 작업용 신발과 옷은 따로 준비하는 것이 좋다. 일하는 도중에 비가 내리면 비의 양에 따라 계속하거나 중지하고, 하다가 중간에 중지하게 되면 그때까지 일 한만큼 계산해서 지불해 준다. 만약 일하러 나가기 전에 비가 많이 온다면 슈퍼바이저에게 전화를 해서 그날 일을 하는지 반드시 물어봐야 한다.

농장에 가면 대박이다?

2006년 10월 ~ 2007년 8월 Sam(남, 30)

뉴질랜드 농장에서 단기간에 돈을 모으기는 정말 힘들다. 농장일 또는 과수원 일에 경험이 없는 사람이라면 돈 벌러 간다는 생각은 버려야 한다. 경험이 없는 사람들은 농장의 흐름을 잘 모르기 때문에 쉽게 포기하고 농장을 떠나는 사람들이 많다. 농장의 상황은 날씨나 농장주의 계획에 따라 수시로 바뀐다. 일주일에 많은 돈을 벌고 농장을 추천하는 사람들은 정말 일을 잘하는 사람이고, 경험이 풍부하기 때문에 그렇게 벌 수 있는 것이다. 이런 사람들이 이야기하는 농장에 가면 대박이라는 소문을 듣고 농장을 찾아가는 사람이 많다. 나도 그중에 한명이었다. 하지만 뉴질랜드 농장에서는 시즌과 날씨 같은 여건이 제대로 맞아야 단기간에 돈을 벌 수 있다. 예를 들어, 만다린 티닝(솎아내기)의 경우, 시즌에 잘 맞춰가서 속도가 빠르면 잘하는 사람은 주당 800불 이상도 벌 수 있다. 나는 2007년에 1월에 만다린 티닝을 하면서 나무 한 그루당 가격이 높고, 날씨도 좋아서 만다린 티닝으로 일주일에 $1000을 벌었다. 하지만 농장일은 정말 운이 좋아야 이렇게 벌 수 있다. 다음해에 같은 곳에서 티닝을 했는데 일주일에 $500 정도 밖에 벌지 못했다. 피킹도 마찬가지이다. 즈키니(서양 호박) 1차 피킹을 할 때 주당 $400도 벌지 못했다. 2005년 10월에 뉴질랜드에 도착해서 즈키니 피킹을 시작했고 첫째 주에 $280(세금 후) 벌었다. 여기서 즈키니 피킹이 돈이 되지 않는다고 생각하고 포기했다면 5주 뒤에 $670(세금 후)을 벌지 못했을 것이다. 과일의 경우 완전히 익을 때 돈을 가장 잘 벌 수 있다. 1차 피킹을 할 때는 익지 않은 작물들이 많아 골라서 따야하기 때문에 보통 돈이 되지 않는다고 생각하고 떠나는 사람들이 많다. 결국 꾸준히 일하는 사람이 돈을 버는 것이다. 2차 피킹 때는 거의 다 따야하기 때문에 속도만 빠르다면 제법 많은 돈을 벌 수 있다. 그래서 1차 피킹할 때 온 사람들은 돈이 안된다고 떠나지만, 2차 피킹을 할 때 온 워커들은 돈을 많이 벌어서 간다. 그래서 소문이 생기고, 사람들마다 말이 다른 것이다. 하지만 이 또한 날씨와 작물의 상태가 좋아야 돈을 벌 수 있다. 무엇보다 중요한 것은 농장일을 해서 돈을 벌기는 결코 쉽지 않다는 것이다. 낮은 임금과 높은 세율 때문이다. 뉴질랜드 농장일을 하면서 너무 돈 버는 일에 얽매이지 말고, 일도 하면서 돈도 벌고, 친구도 사귀면서 좀 더 여유로운 뉴질랜드 생활을 한다고 생각하고 일하는 것이 좋다.

데니스의 뉴질랜드 이야기

2007년 9월 ~ 2008년 6월 정현수(남, 27)

한국에서 직장 생활을 하면서 일에 대한 회의를 느껴 외국으로 나갈 생각을 하던 중 뉴질랜드로 워킹홀리데이를 알게 되었다. 회사를 그만두고 빠르게 뉴질랜드 워킹홀리데이 준비를 하고 2007년 9월 드디어 비행기에 몸을 실었다. 한국에서 뉴질랜드까지 대만 경유와 태풍으로 인한 비행기 연착으로 인해 약 18시간 만에 뉴질랜드 오클랜드에 도착하게 되었다. 영어 공부를 위해서 어학 연수 계획을 세우고 한국 사람이 적은 지역인 타우랑가를 선택해서 와이카토 랭귀지 스쿨을 한 달 동안 다녔다. 한 달 동안 어학원을 다니고 나니 통장에 잔고가 $1도 남지 않았다. 그래서 아르바이트 자리를 구하던 도중 인터넷 카페에서 농장 정보를 찾아서 이제부터 농장 생활을 하게 되었다. 내가 했던 일들은 딸기 피킹(10주), 만다린 슈아내기(3주), 사과 팩하우스(14주) 그리고 크라이스트처치의 칩스(Chips) 팩토리(2주)이다. 모든 일들이 힘들었고 가끔은 많은 돈도 가끔은 적은 돈도 벌면서 많은 친구들을 사귀었고 친구들 덕분에 재미있는 농장 생활과 여행을 할 수 있었다. 나는 영어를 크게 배우고 온 것도 아니었고 돈을 많이 벌어서 한국으로 돌아오지도 못했다. 하지만 정말 아름다운 나만의 뉴질랜드 이야기를 가지고 올 수 있었다. 외국 친구들과의 아름다운 추억들, 함께 파티를 하면서 서로 만든 음식을 같이 나누어 먹고, 많은 이야기도 하고, 아름다운 사랑 이야기도 만들었다. 나를 좋아하던 외국 친구들과 내가 좋아하던 외국친구들 그리고 아름다운 뉴질랜드의 자연 환경과 사람들의 웃음소리 모든 것이 그립다. 너무나 아름다운 뉴질랜드 이야기를 가지고 온 것 같아서 뿌듯하다. 한 가지 확실히 가지고 돌아온 것은 뉴질랜드에서 웃는 방법을 배우고 돌아온 것이다. 그래서인지 한국에 돌아와서 운이 좋게 다시 좋은 직장에 들어가게 되었다. 현실 도피를 위해 뉴질랜드를 가는 사람, 어학 연수가 목적인 사람 그리고 새로운 경험을 하려고 뉴질랜드로 가는 모든 사람들은 뉴질랜드에 가기 전에 많은 기대와 걱정을 가지고 간다. 하지만 한국이나 뉴질랜드 모두 사람이 사는 곳이다. 어려움이 있을 때는 누군가 도움을 주고, 또한 어려운 이들에게 도움을 주면서 그 안에서 우정과 사랑을 발견하고, 그러면서 영어 실력도 향상되는 것 같다. 영어 한마디 못하는 상태에서 1년 동안 뉴질랜드에서 잘 지냈기 때문에 자신감을 가지고 뉴질랜드 생활을 한다면 인생에 도움이 되는 **멋진 경험**을 만들어서 올 수 있을 것이다.

Joy의 뉴질랜드 농장 이야기

2006년 5월 ~ 2007년 4월 Joy(여, 26)

    딸기 농장에서 피킹하고 사과 공장에서 팩킹하고, 두 곳에서 밖에 일하지 않았지만 내가 겪을 수 있는 농장 생활의 어려움을 다 겪었다는 느낌이 드는 것은 왜일까? 솔직히 처음 농장에 가기로 마음을 먹었을 때 힘들 것을 예상하지 못 한 것은 아니지만 원래 힘들다는 말을 입 밖으로 잘 내는 성격이 아니었다. 하지만 특히 딸기 농장에서 일 할 때는 "힘들다", "그만두고 싶다"라는 말이 하루에도 수십 번 씩 나왔다. 딸기 농장에서 얻은 것은 불어난 통장 잔고와 만가지 병이었다. 목 아랫부분으로는 아프지 않은 곳이 없었으니 말이다. 같은 방을 썼던 친구가 해주는 마사지로 인해 하루하루를 버텨가고, 결국 시즌 Off 주에는 쉬엄쉬엄 일을 했다. 딸기 농장은 정말 두 번 다시 못할 것 같다. 반면에 사과 팩하우스는 딸기에 비하면 정말 쉬웠다. 사과 팩킹 일도 결코 만만한 일이 아니었지만 꾸준히 들어오는 급여와 숙소에서 친구들과 함께 지내는 생활이 재미있었다. 어떤 농장일이든 쉬운 일은 없기 때문에 절대로 쉽게 포기하지 말자. 1년의 뉴질랜드 생활 중에 5개월 정도의 시간을 농장에서 보내면서 많이 힘들었지만 그곳에서 모은 돈으로 뉴질랜드와 호주 여행도 하고 얼마의 돈도 남겨 와서 처음 갔을 때 보다 120원 가량 오른 환율로 환전해서 용돈으로 쓸 수 있었다. 게다가 귀국하기 3주 전에 세금 환급을 신청하고 왔는데 입국하고 3주 뒤에 한국으로 세금 환급 수표가 도착해서 기뻤다. 생각보다 금액이 많아서 놀랐고 계산해보니 낸 세금의 약 26% 정도가 되는 것 같았다. 뜻하지 않게 생긴 돈이기 때문에 너무나 기분이 좋았다. 뉴질랜드에서 일했다면 귀국하기 전에 반드시 세금 환급 신청을 하고 오도록 하자.

진이의 딸기 농장 이야기

2006년 10월 ~ 2007년 9월 김형진(남, 30)

처음 이곳에서 농장일을 하게 된 것은 돈을 벌수 있는 대안이 없어서 인지도 모르겠다. 시티에서 이력서를 냈던 쇼핑몰이나 대형 마트의 무소식 그리고 홈스테이와의 이별 등등 여러 가지 일들을 고려해서 다행히 집과 가까운 알바니에서 딸기 농장일이 시작된다고 해서 움직이게 되었다. 처음 한 달 정도는 딸기 피킹을 했다. 처음에는 돈도 안 되고 힘들었지만 시간이 지날수록 딸기가 많아지고 서로 경쟁도 붙었다. 그러던 중 팩하우스로 일을 옮겨 약 한 달 반 정도 일을 하게 되었다. 피킹과 팩하우스 두가지 일 모두 쉬운 것은 아니었다. 그리고 딸기 시즌이 끝나면 딸기 밭을 갈고 하루 종일 검은색 비닐을 뜯어내는 작업을 한다. 꾸준하게 하니까 돈도 어느 정도 모았고 그리고 영어 이게 무지 걱정인데 뭐 계속 홈스테이 하면서 어느 정도 대화나 문제 해결 같은 영어는 어느 정도 하는 것 같다. 되돌아 보면 그리 나쁜 것만은 아니었고 좋은 시간이었다.

세상에서 돈을 쉽게 벌 수 없는 것처럼 기다림도 배우게 되었고, 사람들과의 화합 같은 것도 배우게 되었다. 누군가 농장일은 인생을 낭비하는 일이라고 말했다. 가끔 낭비인가 싶기도 했지만 농장에서 일 한 돈으로 자기가 원하는 것을 한다면 그걸로 자신이 만족한다면 그걸로 족하다고 생각한다. 농장일이 인생의 낭비일수도 있겠지만 그 시간이 다른 일을 하기 위한 일종의 준비기간이라고 생각해도 될 것이다. 그 시간에 영어 한자 더 배우고 더 말하고 그러면 더 늘었을텐데 하는 후회도 들지만 이런 일을 함으로써 다시 느끼게 된 일의 소중함, 노동의 대가, 사람과의 만남. 한국이 아닌 곳에서 만난 섬나라 사람, 그리고 친구들, 차안에서 듣는 한국 음악을 생각해보면 그렇게 나쁜 것만은 아니다. 농장에 오는 사람들은 아무런 생각 없이 돈만 보고 오는 사람들이 많다. 생각의 변화를 주어 어떤 목적이나 준비를 위한 시간이라고 생각하고, 틈틈이 자기 시간을 즐기고, 영어 공부도 병행한다면 보람을 느낄 수 있을 것이다. 영어가 어려운 만큼 외국 친구들과 적극적으로 영어로 대화를 해보는 것도 영어 향상에 도움이 될 것이다. 뉴질랜드에 온 이유가 무엇이든 쉽게 생각하지 말고, 한국이라는 곳을 벗어나 여기 온 이유를 찾아 갔으면 하는 바람이다. 어느 문구가 생각난다. 여행이라는 것, 떠나야 한다는 것은 돌아와 더 잘살기 위함이다.

뉴질랜드 농장 지침서

2010년 1월 15일 초판 1쇄 찍음
2010년 1월 20일 초판 1쇄 펴냄

기획	도서출판 투어스21 송민수
발행인	송민수
저자	송민수/안광훈
편집디자인	권현정
펴낸곳	도서출판 투어스21
출판등록	제 320-2009-27호
	서울시 관악구 신림동56-1 서울대학교138동
E-Mail	smssms1004@hanmail.net
값 1,5000	

ISBN 978-89-963337-0-8

총판 · 도서주문   도서출판 **북갤러리**

주소_ 서울시 영등포구 여의도동 14-5번지 아크로 폴리스 406호

전화_ 02)761-7005 팩스_ 02)761-7995